费　莹　　赵秀玲　主编
王睿瑶　　唐晓雪　参编
邵圣涵　　邓明红

第二届全国大学生绿色校园概念设计大赛获奖作品集

THE 2ND NATIONAL COLLEGE STUDENT GREEN CAMPUS DESIGN COMPETITION

中国建筑工业出版社

序

第二届全国大学生绿色校园概念设计大赛在第一届大赛成功举办的六年后启动，经过一系列的准备和协调工作，于 2019 年 9 月正式发布竞赛通知。竞赛发布后，得到了全国各大院校的建筑学、城乡规划、风景园林专业本科生、研究生的响应，报名踊跃。

2019 年底，竞赛截止日期正值学期末，我院竞赛组老师和同学如火如荼地接收来自全国各地的参赛作品，经过多个日夜的忙碌，竞赛组已经做好了不久后的专家评审准备。

2020 年 1 月，一场突如其来的新型冠状病毒肺炎疫情改变了正常的工作计划，我们不得不推迟原有日程，在师生不能进校的情况下，克服困难，进行在线评审的准备工作。第一次采用在线评审带给我们很大挑战，我们在电子图纸的整理、编号、核对工作的基础上，讨论在线评审过程中可能遇到的各种情况，分析评审步骤与过程的操作方法，如，对评审专家数和作品数的关系建立数学模型进行统计学分析，确保评审结果的可行性、可靠性。最终，顺利完成了竞赛评审，并于 2020 年 8 月在苏州召开的“第十六届国际绿色建筑与建筑节能大会”上，隆重举行了颁奖典礼。

自竞赛收稿到颁奖典礼，我们经历了一段不凡的时期，在教育部疫情防控指导原则下，全国高校均进行了“封闭式”管理，疫情得到有效控制，颁奖典礼也得以顺利举行。在这样的特殊时期，我们朝夕相处在校园生活中的师生，深刻体会了校园环境实现绿色、健康、可持续发展的紧迫性和必要性。而在这样特殊时期开展绿色校园概念设计大赛的评审、交流、反思，则使大赛的设计成果更具意义。高校校园师生众多，教学、科研活动频繁，聚集、面授、实操活动广泛，这更需要良好、健康、绿色可持续的环境。

从 2013 年第一届全国大学生绿色校园概念设计大赛，到行业标准发布，再到 2019 年国家《绿色校园评价标准》正式实施，苏州大学都积极参与其中，成为推广和实践绿色校园的其中一员。第二届全国大学生绿色校园概念设计大赛举办的特殊经历，更使我们在绿色校园的建设与推进中收获甚多，同时也感受到作为高等教育机构在培养新一代青年、传播可持续发展信息方面发挥的关键作用。大学校园本身就具有实验模型的功能，通过学术研究和教学过程，以及与社会中的各种利益相关者互动，可将校园营造为可持续社会的典范。

本届大赛获奖作品经过专家的层层甄选，在校园规划、建筑改造、景观小品建构等多层面针对校园的实际问题进行了概念设计，体现了一定的典型性和可行性，对我们认识绿色校园、实践绿色校园具有很大的启发，我们也将在这样的交流学习中推进“绿色校园在行动”活动，将绿色校园概念渗入我们校园生活的点点滴滴。

两届绿色校园设计大赛在中国绿色建筑委员会和建筑类教指委的领导下，由绿色校园学组主办，得到了各专业同行、专家的大力支持。同时，在举办竞赛的各个环节中，相关专业学生、老师，以及企业积极参与，共同促成了本届大赛的圆满举办，在此对所有参与本次竞赛的各界人士表示衷心感谢！最后，借用吴志强院士的话：“让我们一同努力，取得绿色校园事业的新范例、新成就、新高度！”

苏州大学金螳螂建筑学院院长 教授 博士生导师

目录

1.0 概述

1996年，我国在《全国环境宣传教育行动纲要（1996年~2010年）》中首次提出“绿色校园”，并强调要将环保意识和行动贯穿于学校的管理、教育、教学和建设的整体性活动中，引导教师、学生关注环境问题，让青少年在受教育、学知识、长身体的同时，树立热爱大自然、保护地球家园的高尚情操和对环境负责任的精神。

校园是一个传播文化的特定学习场所，是学生获得知识和价值观、行为养成的重要场所，承担着正规环境教育的基本功能。校园生活占据了学生生活的绝大部分，校园环境对学生潜移默化的影响是显而易见的。因此，通过校园的环境、生活和管理体系传递可持续发展思想尤其重要。从环境保护的角度看，学校也是一个环境问题的制造者，它随时随地对环境产生不良影响，因此有必要对学校进行环境管理和规划，以实现学校的可持续发展。同时，学校环境管理活动本身也是师生参与环境保护实践的机会和进行环境教育的资源，有着特定的教育意义。学生可以通过了解校园环境问题的产生和改善，学习环境和社会的知识，理解人与环境的关系，参与校园环境的改善，提高环境素养。由此，绿色校园不仅成为学校实施素质教育的重要载体，也逐渐成为新形势下环境教育的一种有效方式。

“绿色校园”的内涵

2019年版《绿色校园评价标准》对绿色校园的定义是：为师生提供安全、健康、适用和高效的学习及使用空间，最大限度地节约资源、保护环境、减少污染，并对学生具有教育意义的和谐校园。《绿色校园评价标准》在规划与生态、能源与资源、环境与健康、运行与管理、教育与推广等内容中体现了其可持续发展的特性。

实现绿色可持续校园系统可概括为物质形态、居住实验和文化滋养三个层面。物质形态指的是物质环境的可持续性，包括环境规划、建筑、基础设施等；居住实验指开发和展示适合自身特点的可持续解决方案；文化滋养则指在校园中，教职工和学生在日常活动中践行可持续文化，在校园管理和组织中的方方面面实现整合资源的有效利用和可持续使用。

在校园中践行绿色可持续性主要通过两种途径：课程教学和运行操作。课程教学通常是教授在教学中作为专业权威，在多阶段和多层次提出解决方案；运行操作则是在大学校园中切实展开可持续运作，在日常生活中普及可持续概念和行为。

实现全面的绿色可持续校园环境需要全方位、多角度地实施可持续设计策略，特别是在校园室外空间的设计上，要全面考虑整合的规划和设计要素，从而创建整体生态的校园环境。

“绿色校园”行动推进

2008 年 3 月，中国城市科学研究会绿色建筑与节能专业委员会（简称“中国绿色建筑委员会”）正式成立，专门设立了绿色校园学组（http://greencampus.org.cn/），指导和开展绿色校园的相关研究、实践和教育活动。绿色校园学组工作的具体内容包括：研究——以可持续为目标，通过整合高等院校和研究性单位各个系和研究所的力量研究、开发和试验新技术、新能源和新的推进手段，为低碳社会目标推进和可持续发展做前期的基础性研究；实践——整合社会各方面资源，基于研究成果，把可持续校园的建设实践作为可持续社区和建筑的样板和示范，从而推广经验；教育——以可持续校园为教育基地，在全国大、中、小学范围内，推广可持续教育，从小抓起，在课程设置、课外活动教育方面培养学生的动手、动脑能力，参与可持续校园建设并且通过教师和家长向全社会推广。

2016 年，教育部学校规划建设发展中心联合国内知名高校建筑设计院共同发起成立了中国绿色校园设计联盟（https://www.csdp.edu.cn/onepage89.html），旨在引领学校规划建设绿色发展方向，推进绿色校园建设，打造中国未来学校，通过在教育基本建设领域推广新理念、新技术、新材料，实现低能耗、低排放、高效益，服务学校，提高整体规划建设水平和智慧化管理能力，促进硬件设施与教育改革同步发展。

在开展绿色校园实践与研究的同时，多方积极推进国家标准的制定。由中国绿色建筑委员会、同济大学、中国建筑科学研究院共同主编的《绿色校园评价标准》是国内第一部行业绿色校园评价标准（CSUS/GBC 04－2013），自 2013 年 4 月 1 日起实施。2014 年 4 月 18 日，由中国城市科学研究会担任主编单位，中国绿色建筑委员会绿色校园学组会同同济大学、中国建筑科学研究院、清华大学、北京大学、山东建筑大学、沈阳建筑大学、苏州大学、江南大学、华南理工大学、西安建筑科技大学、南京工业大学、浙江大学、重庆大学、华中科技大学、华东师范大学、香港绿色建筑委员会、华东师大二附中、上海世界外国语学校、清华附中朝阳学校、中国建筑西南设计研究院等 20 家单位，中国绿色校园学组组长、同济大学副校长吴志强教授担任主编，中国建筑科学研究院王清勤副院长担任副主编，开展国家标准《绿色校园评价标准》的编制。《绿色校园评价标准》GB/T 51356—2019 于 2019 年 10 月 1 日起实施，为我国开展绿色校园评价工作提供了技术依据，适用于新建、改建、扩建以及既有中小学校、职业学校和高等学校绿色校园的评价工作。

2.0 绿色校园概念设计大赛

“全国大学生绿色校园概念设计大赛”是由中国绿色建筑与节能专业委员会绿色校园学组主办，建筑学专业教学指导分委员会、城乡规划专业教学指导分委员会、风景园林专业教学指导分委员会指导的全国性竞赛。“第一届全国大学生绿色校园概念设计大赛”于2013年4月在苏州大学成功举办。

“第二届全国大学生绿色校园概念设计大赛”（以下简称“大赛”）继续由苏州大学金螳螂建筑学院承办，北京绿建软件有限公司和上海谷之木材料有限公司支持赞助，竞赛主题为“老校园·新活力”。竞赛面向全国高校建筑学、城乡规划、风景园林专业全日制在校本科生或研究生，以个人或小组为单位参加。

大赛在全国建筑类专业教学指导委员会的指导、支持和绿色校园学组的积极组织下，得到了全国各高校的积极响应，并从规划、建筑、景观等多专业层面展开了设计尝试，积极践行“绿色校园在行动”活动，参赛者在设计表达中展示了基于现实的可行性和创造性的设计方法。

前后两届绿色校园概念设计大赛的成功举办，构成了“绿色校园在行动”的可持续环节。同时，借助于国家《绿色校园评价标准》的发布，唤起青年学生群体对绿色校园建设的重视和积极参与。

第二届全国大学生绿色校园概念设计大赛

竞赛主题

老校园+新活力

竞赛主办：中国绿色建筑与节能专业委员会绿色校园学组

竞赛指导：建筑学专业教学指导分委员会
城乡规划专业教学指导分委员会
风景园林专业教学指导分委员会

竞赛承办：苏州大学金螳螂建筑学院

竞赛支持：北京绿建软件有限公司
上海谷之木材料有限公司

校园中的建筑与环境是学校育人的重要组成部分，在学校教育活动中发挥着特殊作用。校园中建筑与环境空间的品质对学生具有潜移默化的影响，因此，通过校园环境传递可持续发展的思想尤显重要。实现可持续校园对整个社会具有示范意义，不仅是学校实施素质教育的重要载体，而且逐渐成为新形势下环境教育的一种有效方式。

大赛基于“以人为本”的可持续绿色校园发展理念，探索和发掘校园建筑与环境中具有可持续意义的绿色改造和创新策略。本届“老校园+新活力”设计竞赛旨在征集有助于改善老校园中建筑与环境的可持续发展创新设计和可行性策略，实现老校园的可持续发展，赋予老校园新的活力。

通过此次竞赛，力求实现以下目的：
参与——吸引更多的学生并鼓励其成为校园环境可持续发展的参与者；
激励——激励学生展示可实现的目标，及如何实现可持续发展的策略；
分享——分享校园可持续发展的设计概念和相关知识。

竞赛日程：
报名截止：2019年11月30日
方案征集截止：2019年12月30日
方案评审与获奖发布：2020年2月底

联系方式：
费老师：（0512）65880208、13861331598、boboofei@163.com
赵老师：13814839421、zhaoxl@suda.edu.cn
传真：（0512）65880187
邮寄地址：苏州工业园区仁爱路199号
苏州大学独墅湖校区
金螳螂建筑学院
邮编：215123

设计内容：
参赛者自行选定作为更新设计对象的现有真实老校园的建筑与环境，通过一个或多个主题的设定，结合校园学习和生活场景及运营规律，在设计中强化体验、鼓励创新，实现老校园建筑与环境的活力再现。设计概念包括但不限于以下范围，如通过创新设计实现老校园内可持续的生活方式，提高老校园内建筑与环境的日常运营效率，以及提高人们对校园作为社区场所的感知。

软件支持：
北京绿建软件有限公司将免费提供相关绿色建筑模拟软件供本届大赛使用。

成果要求：
参赛作品排版为两张A1图版，硬板装裱，电子文件像素精度大于350dpi，参赛作品刻录光盘，并一同寄送至指定地址。请在邮寄封面左下角注明“第二届全国大学生绿色校园概念设计大赛参赛作品”字样。

参赛对象：
全国高校建筑学、城乡规划、风景园林专业全日制在校学生（本科生或研究生），以个人或小组为单位参加。团队最多可由4名成员和2名指导老师组成，每个团队必须指定一个主要联系人。

参赛者需填写参赛报名回执表（http://arch.suda.edu.cn/main.htm下载），报名后应按时提交参赛方案。参赛作品一律不退，请参赛者自行备份，版权归组委会所有。

竞赛评委：
评委会委员由各学科教学指导委员会主任、副主任和委员组成。

奖项及奖金：
特等奖1名，奖金10000元
一等奖3名，奖金5000元
二等奖5名，奖金3000元
三等奖10名，奖金1000元
佳作奖若干，颁发获奖证书

获奖者将由竞赛主办方会同各教学指导委员会颁发获奖证书和奖金，获奖方案由中国建筑工业出版社正式出版发行。

媒体支持：
建筑学报、城市规划、中国园林、新建筑、建筑师、华中建筑、中国名城、ABBS建筑论坛、archrace、http://www.gpean.org、http://greencampus.org.cn、http://arch.suda.edu.cn/main.htm

发布与收稿

2019 年 5 月，大赛在 “中国绿色建筑与节能专业委员会绿色校园学组年度会议” 上启动，承办方向学组提交了本次大赛的题目和要求，并经过学组审议通过。

图 1 中国绿建委绿色校园学组 2019 年年会审议通过大赛题目和要求

2019 年 9 月，经过对大赛主题和内容的最终确认，承办方陆续在全国各大建筑类核心期刊、建筑类网站、微信公众号等媒体发布竞赛通知。媒体支持单位有《建筑学报》《城市规划》《中国园林》《新建筑》《建筑师》《华中建筑》《中国名城》、ABBS 建筑论坛、archrace、世界城市规划教育网（http://www.gpean.org）、中国绿色建筑与节能专业委员会绿色校园学组网站（http://greencampus.org.cn）、苏州大学金螳螂建筑学院网站（http:// arch.suda.edu.cn/main.htm）等。与此同时，承办方还于 2019 年 10 月在西南交通大学召开的 “2019 年全国高等学校建筑教育学术研讨会暨院长系主任大会” 上进行了广泛宣讲。

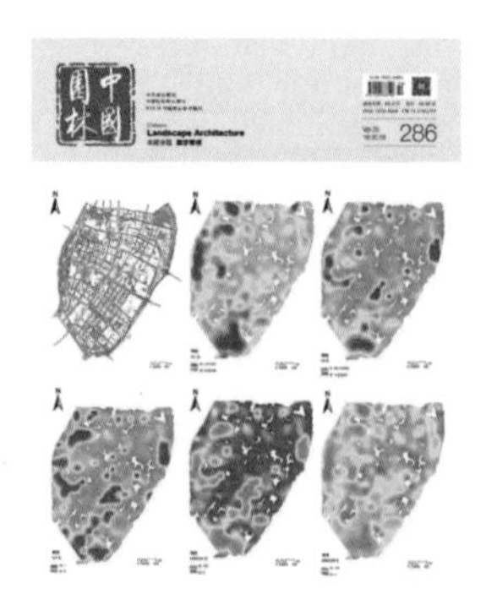

图 2 在专业期刊上发布大赛通知

图 3 在相关网站上发布大赛通知

2019 年 11 月 30 日大赛截止报名，依据对报名参赛的统计数据，报名参赛队共计 1711 组，分别来自全国各地共计 29 个省、直辖市和自治区。

2019 年 12 月 30 日为作品提交截止日期，承办方陆续收到各竞赛组寄送的作品。经统计，共计接收到来自近 160 所高等院校的 763 组参赛作品。根据竞赛作品提交要求和参赛资格进行初步核查后，共计 734 组作品符合参赛要求，进入下一轮待审程序。

承办方成立了竞赛接收小组和竞赛统计小组，分阶段有序完成对收到作品的接收、统筹、运送、拆检、归纳、录入，以及数据整理、查验等流程。

图 4 大赛工作协调会

图 5 竞赛作品收取

图 6 竞赛邮寄作品拆检核对

图 7 竞赛作品登记贴标

为确保接收组不同人员的工作顺利衔接，承办方制定了严格的作品接收工作流程，保障接收组成员即到即做，实现了接收工作无缝衔接，做到了接收操作规范、作品图版和光盘文件有序存放、问题及时记录通报与解决。

承办方对收到的作品进行了系统的整理、统计，并将作品图版按编号分区存放，以便为现场评审做准备；同时，对参赛作品的电子文件逐一读取，为作品的后续打印和出版做好准备。

图 8 竞赛作品核对贴标

图 9 竞赛作品信息核查

图 10 作品按序存放

为及时准确完成大赛各阶段工作，我们建立了 QQ 群，一群成员一度达到 3000 人顶限，二群成员最高时也达到了 300 多人。在报名阶段和作品提交阶段，通过群消息及时发布相关信息和接收各类咨询，保障大赛工作稳步推进。在报名、作品提交、作品接收、文件核对，以及因疫情评审推迟等阶段及时沟通与解决出现的各种问题，在群文件存放相关大赛文件供参赛队参阅查询。群管理员在日常维护中发布绿色可持续发展、绿色校园的相关信息、推文，形成群内积极的学术交流氛围，扩展了竞赛群的交流作用。

大赛评审

大赛邀请的评审专家有：

建筑类专业教学指导委员会主任委员及院士（5 名）
王建国、吴志强、刘加平、孟建民、杨锐

建筑类专业教学指导委员会副主任委员及专家（11 名）
孙一民、孔宇航、蔡永洁、王崇杰、杜春兰、石铁矛、韩冬青、孙澄、吴永发、刘少瑜、吉国华

根据近期教育部关于各教学指导委员会不宜承担各类竞赛活动的相关精神，大赛主办方邀请的评审专家均以个人名义参与大赛评审。

2020 年 1 月下旬，因突发新冠肺炎疫情，原定 2 月底的评审工作被迫推迟。在学校开学和返校时间不确定的情况下，大赛工作组集中做好参赛作品评审的文件整理工作，为开学返校后的评审做好充分准备。随疫情控制需要，并根据全国和江苏省针对疫情发展的通知和相关进展，考虑到评审专家来自全国各大高校和机构，在疫情限制情况下，承办方经向主办方申请同意后最终确定采取线上评审。

第二届
全国大学生绿色校园概念设计大赛
邀请函
INVITATION

尊敬的 王建国院士：

第二届“全国大学生绿色校园概念设计大赛”将于 2020 年 7 月 22 日至 8 月 5 日期间进行在线评审，衷心邀请您担任本次大赛评审专家，并担任评委会主席，敬请届时拨冗审阅！

绿色校园学组
中国绿色建筑与节能专业委员会

图 11 评审专家邀请函

参赛作品评审由大赛评审专家综合确定。评审过程秉持公平性、科学性、可操作性的原则，具体流程和步骤如下：

1. 为方便网络文件上传，受大赛评审委托，大赛承办方对全部有效参赛作品进行初步分类。承办方组织 7~9 名建筑学、城乡规划、风景园林专业的教授，对所有作品进行初选，分别列为一档推荐作品、二档建议作品和三档待选作品三类；

2. 承办方将所有有效参赛作品上传网络，百度网盘地址在作品上传成功后以邮件方式发送给评审专家；

3. 邀请评审专家在指定时间上网查看参赛作品，并填写评审表格；

4. 大赛承办方对所有评审专家提交的表格进行统计，按专家评审结果排出最终前 19 名获奖作品，其他拟推荐作品列为佳作奖待选范围；

5. 请评审专家复核评选结果，并确定最终获奖作品名单。

评审委员会主席 **吴志强 院士**

中国工程院院士 德国工程与科学院外籍院士

瑞典皇家工程科学院外籍院士

美国建筑师协会荣誉院士

同济大学副校长

建筑与城市规划学院教授 博士生导师

评审委员会主席 **王建国 院士**

中国工程院院士

东南大学建筑学院教授 博士生导师

东南大学城市设计研究所所长

刘加平

中国工程院院士

西安建筑科技大学教授 博士生导师

孟建民

中国工程院院士

深圳建筑设计研究总院有限公司董事长 总建筑师

深圳大学特聘教授 博士生导师

杨 锐

清华大学教授 博士生导师

教育部高等学校建筑类教学指导委员会

副主任兼风景园林分委会主任

石铁矛

沈阳建筑大学建筑与规划学院教授

博士生导师

王崇杰

山东建筑大学教授 博士生导师

中国绿色大学联盟主席

孔宇航

天津大学教授 博士生导师

天津大学建筑学院院长

吴永发

苏州大学教授 博士生导师

苏州大学金螳螂建筑学院院长

蔡永洁

同济大学教授 博士生导师

同济大学建筑系系主任

刘少瑜

香港大学教授

新加坡国立大学教授

博士生导师

孙 澄

哈尔滨工业大学教授 博士生导师

哈尔滨工业大学建筑学院党委书记 副院长

韩冬青

东南大学教授 博士生导师

江苏省建筑大师

杜春兰

重庆大学教授 博士生导师

重庆大学建筑城规学院院长

重庆大学风景园林学科学术带头人

孙一民

华南理工大学教授 博士生导师

华南理工大学建筑学院院长

吉国华

南京大学教授 博士生导师

南京大学建筑与城市规划学院院长

评审结果

本届大赛从有效参赛作品中共评出获奖作品 69 份，分别为：特等奖 1 名，一等奖 3 名，二等奖 5 名，三等奖 10 名和佳作奖 50 名。大赛获奖比例为 9.4%，获奖作品在设计的概念性、可行性、区域性、学术性等各方面都表现优异。

获奖作品涵盖了城乡规划、建筑学、风景园林、环境设计等多个专业。其中，建筑学、风景园林、城乡规划、环境设计、艺术设计专业的参赛比例分别为 55%、18%、12%、10% 和 5%。前三等奖获奖作品来自重庆大学、同济大学、东南大学、华南理工大学、西安建筑科技大学、郑州大学、苏州大学、南京工业大学、山东建筑大学、浙江工业大学等十所高校，所有获奖作品来自 39 所高校。参赛学生由本科生、研究生组成，其中由本科生组成的参赛队占总参赛队数量的 81%，有研究生参加的参赛队占 19%。

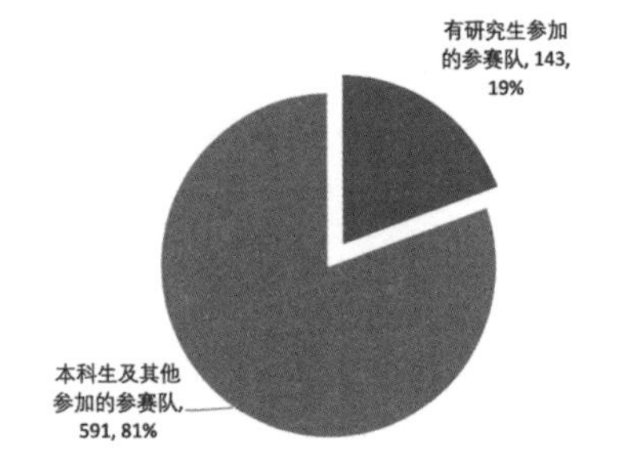

图 12 参赛队学生组成

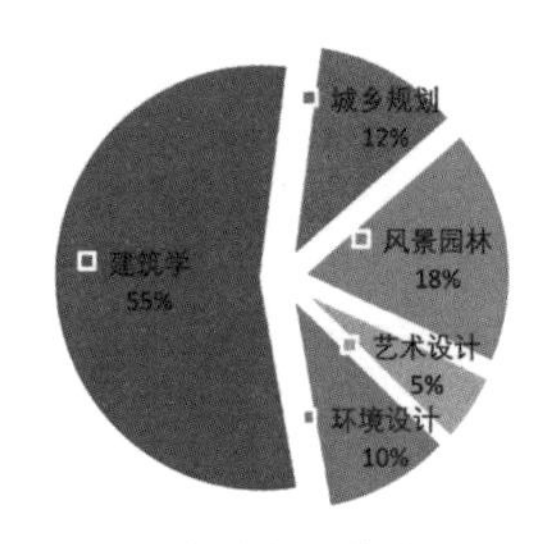

图 13 参赛队专业构成

关于公布“第二届全国大学生绿色校园概念设计大赛”获奖作品的公告

中国城市科学研究会绿色建筑与节能专业委员会（简称“中国绿色建筑委员会”）绿色校园学组主办，苏州大学金螳螂建筑学院承办的**第二届“全国大学生绿色校园概念设计大赛”**，原定竞赛作品评选于 2020 年 2 月底进行，但因受突发疫情影响多次推迟。经综合多方考虑，最终采用了在线评选，近日已完成最终评审。

本次评审过程中，邀请了城乡规划、建筑学、风景园林各专业院士、教授共计 16 位评审专家，对 734 份有效参赛作品进行在线评审，推选出特等奖、一等奖、二等奖、三等奖共计 19 份，佳作奖 50 份。

现将各奖次获奖作品名单予以公告。

Green Campus 中国绿色建筑委员会绿色校园学组

2020 年 8 月 14 日

图 14 获奖公告

获奖名单经过大赛评审委员会确认后，通过以下形式向公众发布、分享和交流：

1. 在主办方网站和承办方官方公众号发布获奖名单；
2. 在“第十六届国际绿色建筑与建筑节能大会”上举行获奖作品颁奖典礼；
3. 获奖作品集由中国建筑工业出版社正式出版发行。

2020 年 8 月 26 日，第二届全国大学生绿色校园概念设计大赛颁奖典礼在苏州金鸡湖国际会议中心举行，原住房和城乡建设部副部长、国务院参事仇保兴，中国城市科学研究会绿色建筑委员会主任委员王有为，中国绿色建筑委员会绿色校园学组组长、中国工程院院士吴志强，中国工程院院士王建国等专家，为大赛获奖同学颁发了获奖证书。

图 15 获奖作品在第 16 届绿建大会展出

图 16 颁奖典礼现场

图 17 原住房和城乡建设部副部长、国务院参事仇保兴在颁奖典礼发言

获奖证书

图 18 获奖证书

图 19 吴志强院士与获奖队合影

奖项	序号	作品名称
特等奖	1	绿能+
一等奖	2	“流动”的美术学院
	3	“窑”望
	4	5G时代下的绿色校园物流
二等奖	5	基于4M理念的绿色校园智能化慢行系统优化
	6	焕新空间
	7	庭院深深深几许
	8	CHAMELEON
	9	生态绿架
三等奖	10	模·方+
	11	绿色·模块　流动·活力
	12	智宇浮绿
	13	麦田的守望者
	14	予光　与光
	15	ZERO WASTE CAMPUS
	16	绿色“插座”使用手册
	17	以“推”为进·乐活空间
	18	ARCH—CITY
	19	双流织序　游园知绿

作者	指导老师	学校
黄诗佳、辛雪槟、方智妍	李云燕	重庆大学
张弛、邹雨薇	吴迪	郑州大学
王吉羽、王菲、方坤宇、徐健	周崐、李曙婷	西安建筑科技大学
管曼玲、冯思源、陈烨、季童	黎智辉、陶德凯	南京工业大学
蔡雨欣、吴子君、房彦君、黄恋寒	刘超	同济大学
赵振宁、丁君	李卓	郑州大学
王宁、周瑶逸、郭浩然	王静	东南大学
潘妍、沈梦帆	徐俊丽、赵秀玲	苏州大学
孔庆秋、刘明昊	贾颖颖	山东建筑大学
刘艺蓉、罗佳琦、叶桂明、冯聃雅	王静	华南理工大学
周利君、赵燚梦	陈伟莹	郑州大学
戴旺、刘艾、Franziska Guenther、Tom Goetz	董楠楠、Lee Parks	同济大学
李楠、王瑞明	陈伟莹	郑州大学
安世成、游佑莹	唐丽	郑州大学
刁海峰、樊叶、江朗、彭乐妍	刘超	同济大学
张甫惠、刘锦洲、云翔	Hisham Youssef	苏州大学
柯钰琳、李瑶琪	唐保忠	郑州大学
傅铮、章雪璐、李响元	侯宇峰	浙江工业大学
周悦、胡光亮、张弛、龚惠莉	翟俊、唐剑	苏州大学

序号	作品名称
20	浔野学园
21	The Filters
22	延文之脉　续绿之园
23	缝隙衍生
24	“IO” Eco-System
25	插件世界
26	老校园·新集体·新活力
27	折叠之间　向纸而生
28	追光游学
29	ETFE 在绿色校园中的应用
30	5A 校园
31	青色怀旧
32	LANDFORM：REUSE
33	言田里
34	复苏
35	Zoonic Talk
36	界面·活力
37	双重花园
38	汇
39	“廊”之天天
40	栖止桥下·绿色连理
41	榕桥计划
42	也无风雨也无晴
43	我们的学校是“花园”
44	向阳而“升”

佳作奖

作者	指导老师	学校
刘荣荣	曾颖	中国美术学院
张津铭、胡阳、王励坤	无	中国矿业大学
罗甲、沈竺莉、徐紫璇、李响	翟俊、刘韩昕	苏州大学
任泽恩、刘豫鲁、谢志林、孙亚	朱红	郑州轻工业大学易斯顿美术学院
韩天昱、施建文、杨婷、李浩强	王洪书	山东工艺美术学院
刘晨蕾、路佳齐、李晓然、李哲	殷俊峰	内蒙古科技大学
胡祯祯、崔秀荣、刘星	刘磊 、李有芳	河北工业大学
刘瑞卿、杨晨魁、程茹悦	陈喆	北京工业大学
孙克难、邹雅眉	薛思寒	郑州大学
郝玉珍、吴悦	唐保忠	郑州大学
叶怀泽、文清、葛楠楠、任敬	翟俊	苏州大学
王鸿都、赵顺尧、陈光香、熊翊宇	温泉 、崔倩	重庆交通大学
熊煜、桂博文、王昊、赵鑫鑫	严晶、孙磊磊	苏州大学
梁林涛、赵硕、熊艳玲	张小迪	河南城建学院
徐兴雅、尹一然、赵梦圆、屈苗苗	赵珉、孙勇	皖西学院
李涵璟、顾阳、刘雅心、李致	许涛、胡一可	天津大学
张怡翔、康宇新	韦峰	郑州大学
赖晓燕、李宇昆、高欣悦、郑悦悦	李咏华、张汛翰	浙江大学
王歆月、朱懿璇、张欣迪、肖明峰	翟俊、付晓渝	苏州大学
许吉婷、朱君、王艺霏	赵伟峰	沈阳建筑大学
王雅辉、李家兴、赵世量、李科键	张广媚、何泉汇	大连理工大学
陈柯杭	邱文明	福州大学
林友鹏、陈笑康	陈伟莹	郑州大学
徐一凡、刘丹妮、刘楚坤、石欢	张建新、孙王虎	扬州大学
邵明聪、胡文杰	戴叶子	苏州大学

佳作奖

序号	作品名称
45	Bubble & Tetirs
46	绿洲计划
47	UP AND DOWN
48	织桥衔景
49	四维进化论
50	热力“供”生
51	WATER PIXELS
52	生态盒子
53	城“事”缩影
54	基于既有教学楼的扩建改造及立面遮阳设计
55	寻轨·寻迹
56	络驿·集
57	乐活书屋
58	绿生创展计划
59	鸟径成屏
60	十点校园
61	TRAVELLING UNDER THE MUSHROOM
62	以汝之名　重塑生境
63	“站塘”青处
64	隐形校园
65	基于气象参数化的校园绿色开放空间重构
66	山雾
67	光影成歌
68	“绿色疗养”
69	呼吸的“失落空间”

作者	指导老师	学校
戴安琪、庄祖琳、邓鋆睿	管毓刚、管剀雄	华中科技大学
焦钰钦、伍彦蓁、马亦鸣	王静、赵立华	华南理工大学
王银星、曹雅蕾	孙兆杰	河北工业大学
徐鑫煜、黄维勤、韩泽政	郝卫东、付杰	石家庄铁道大学
王惠聪、莘芷桦、李晨璐	庞颖、张俊玲	东北林业大学
曹博、谢子文、吴玥	黄云峰、张振伟	安徽理工大学
丁怡如、黄玥、谢钰	彭昌海	东南大学
杨敏、时甲豪	吴迪	郑州大学
胡楠、王奥惟	华峰 、白旭	昆明理工大学
曾译萱、陶阳、万琪	王静	华南理工大学
邵晓白、王一初、刘艾娜、王筱璇	吴然、张思凝	西南交通大学
马杨、黄日辉、薛琛钰、孟昊轩	张广媚、何泉汇	大连理工大学
罗财俊、黄祺越、陈之浩、李王博	韩玲、解玉琪	安徽建筑大学
袁子枚、薛蕊、陈梦媛、葛小银	李敏稚、林广思	华南理工大学
刘玉婷、辛冠柏、吴昕潞、董振斌	相恒文	河南大学
陈子洋、黄崚璨、徐灵芝、徐天宇	郑琦珊、武昕	福州大学
闵稼馨、冯宇欢	无	南京工业大学
许湘旎、陈佳怡、陆睿颉、李颖	武昕、郑琦珊	福州大学
陈剑、汝文欣、袁晨曦	徐晓燕、刘阳	合肥工业大学
李世文、林泳宜、陈琳琳、李若鸿	余志红、林幼丹	福建工程学院
韩晓昱、朱芯彤、杜明德	谭瑛	东南大学
林柏劭、李阳	周勇、孙科峰	中国美术学院
王芷馨、赵俊峰、曹宇、任冉	魏书祥	青岛理工大学
罗彩、齐海萍、舒洪姗、乔蔓	杨学红、杨尊尊	六盘水师范学院
纪艺琦、刘斌、杨君亮、钟璐瑶	刘旭红、王亚	广东工业大学

3.0 获奖作品图纸

绿能 +

——基于能量交互活化的未来校园日常生活塑造

“绿能 +”代表“资源节约、高效、安全、弹性、活力、科技创新、产业孵化的校园规划思想”。

方案的名称为“绿能 +”，其寓意为将“绿色规划思想注入老校园的改造”中，将绿色规划思想类比为化学反应中能量的交互，使校园在环境承载力提升的前提下复苏三大基本机能——生活居住、学习教育、科研生产，从而实现老校园的活力再生。

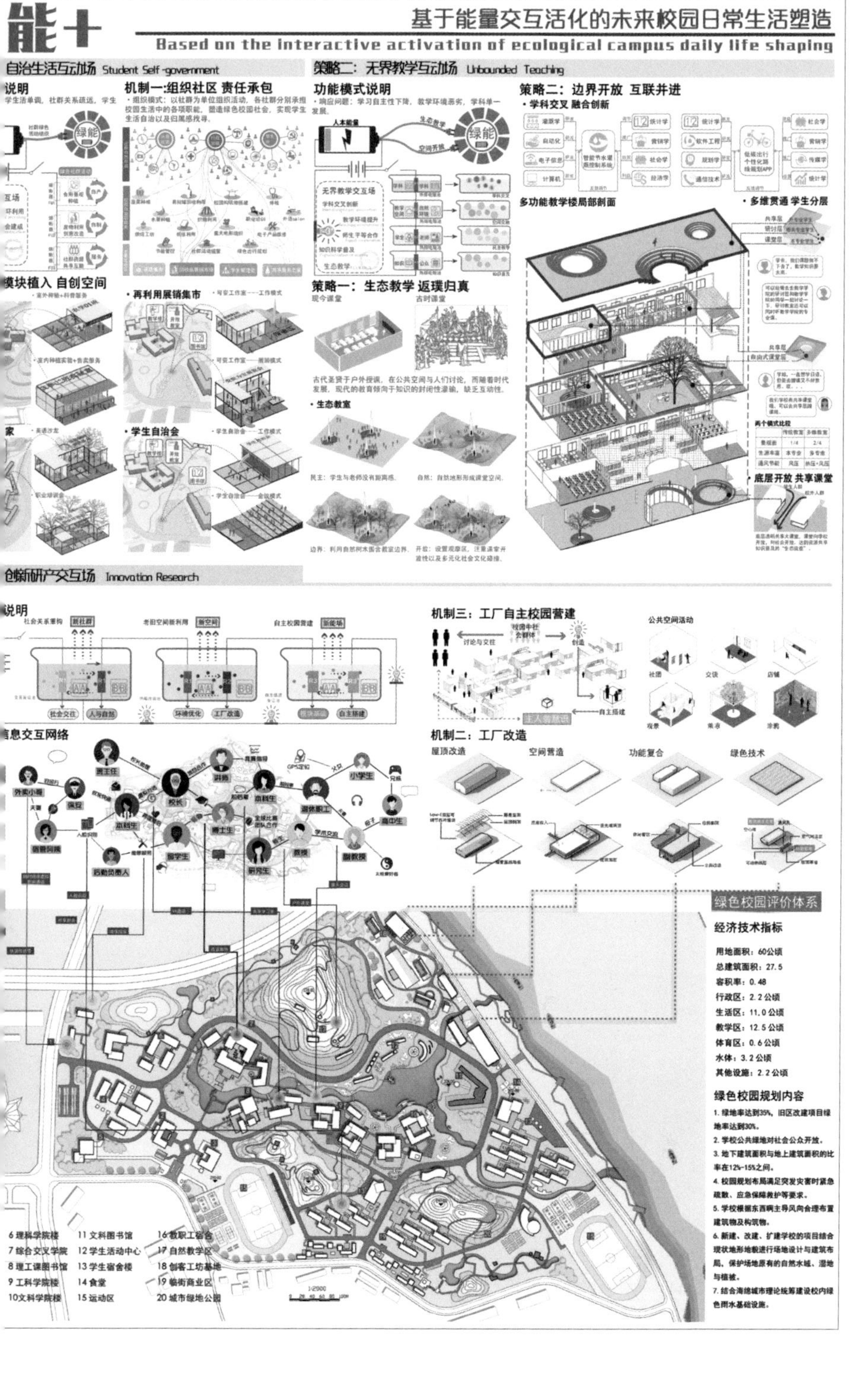

扫码点击“立即阅读”，
浏览线上图片

特等奖获奖作品
Grand Prize Winner

作者姓名：黄诗佳　辛雪槟　方智妍
专业年级：城乡规划四年级
指导教师：李云燕
参赛学校：重庆大学建筑城规学院

“流动”的美术学院

扫码点击“立即阅读”，
浏览线上图片

一等奖获奖作品
First Prize Winners

作者姓名：张弛　邹雨薇
专业年级：建筑学四年级
指导教师：吴迪
参赛学校：郑州大学建筑学院

美术学院是一个充满艺术气息的学院。但现状的空间格局在美术生的日常学习生活使用中存在很多不便之处，而且老旧的墙体在保温和隔热等生态技术措施上也不能保证人体的舒适度。

因此本方案以“流动”为设计概念，结合了流动空间和绿色生态技术，利用详细的分析和改造，力求更好地满足美术学院学生日常学习生活需求和人体舒适程度。

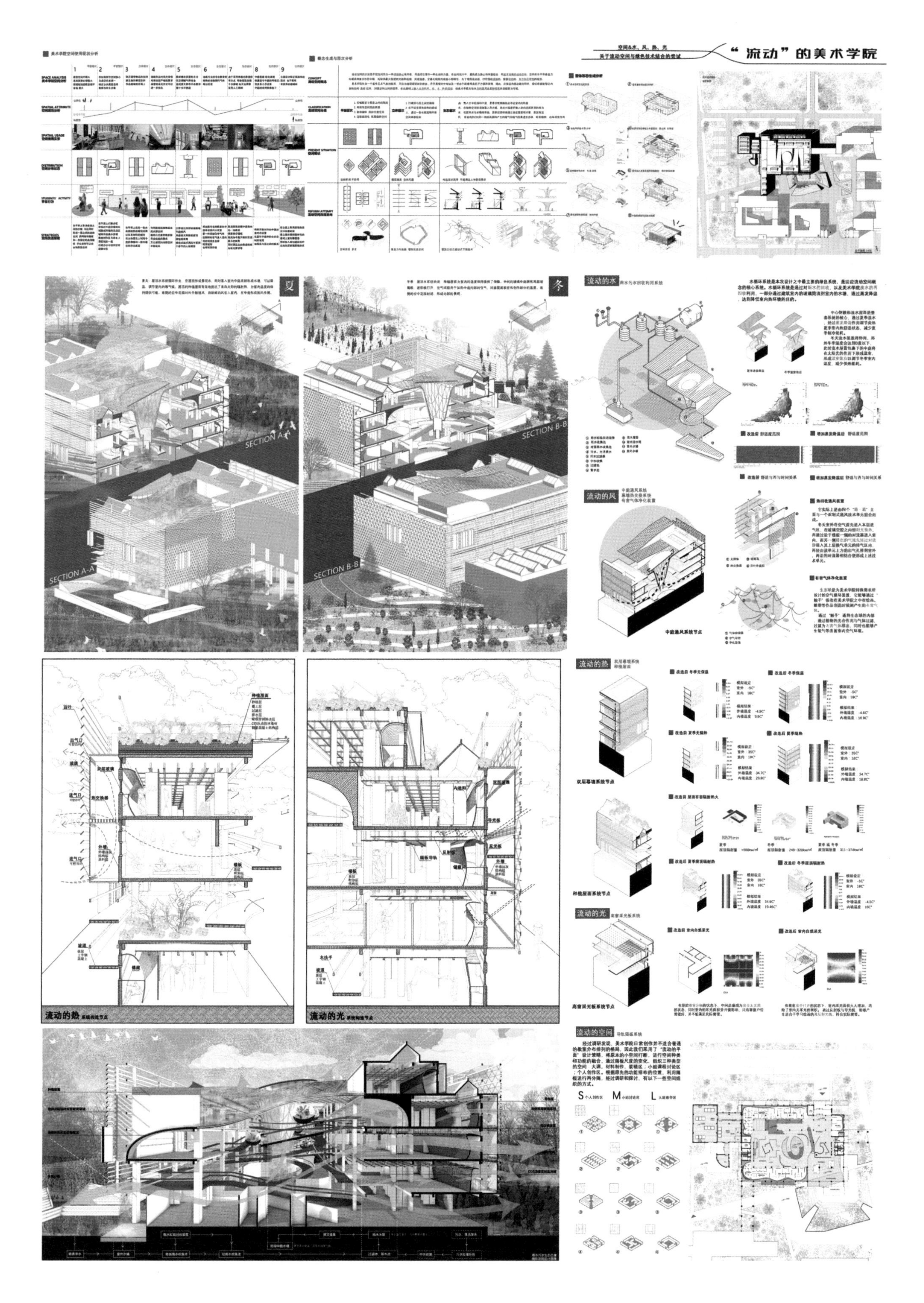
“流动”的美术学院
夏
冬
SECTION A-A
SECTION B-B
流动的水
流动的风
流动的热
流动的光
流动的空间
S
M
L

“窑”望

——乡村老校园绿色改造更新设计

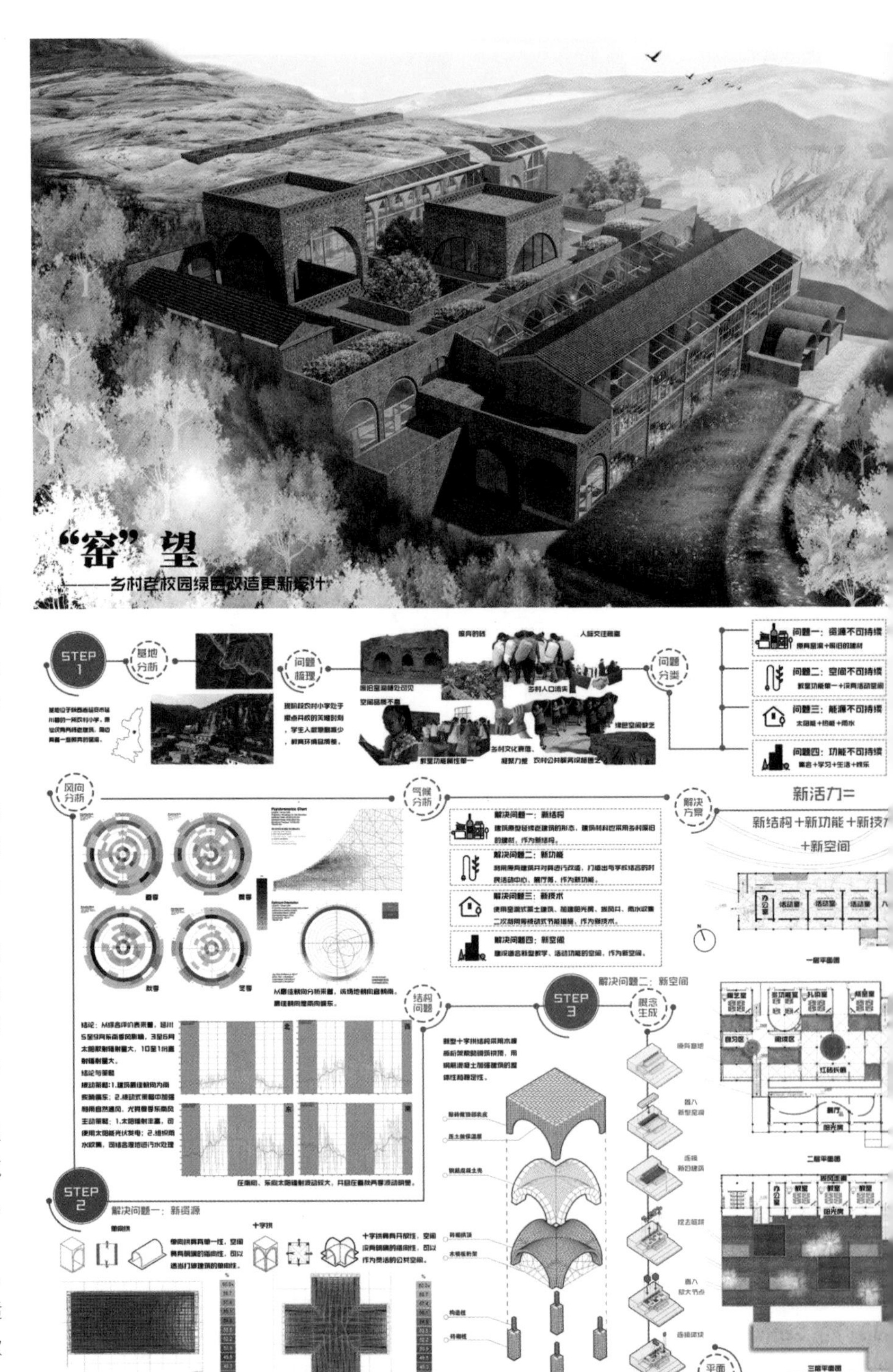

1998年乡村义务教育在校生全国占比64.37%，到了2012年仅剩32.00%，2017年全国剩余的农村小学已不足20万所。乡村生源的大量流失带来学校数量的大量缩减以及已建成校园的大量废弃。阴冷、潮湿、破败成为这些废弃校园的形容词，这些曾承载着希望的知识殿堂该如何继续肩负村庄的发展，继续哺育蓬勃的生命呢？

很快，在“乡村振兴”“新农村建设”和“美丽乡村”成为时代关键词的今天，城镇化进程变慢。这些学校迎来了新的使命，也具备了新的功能：不再仅仅是灌输知识的场所，同时是乡村的泛化文化中心；也是建筑技术的样板间；更是孩子们建立与乡村联系的乐园。它们将以一种新的姿势诉说不曾被遗忘的乡村教育，将在时代潮流中继续砥砺前行。

本方案以废弃校园建筑为载体，以新型的功能空间塑造为目标，以强大的绿色建筑技术为手段，重构乡村学校，助力乡村振兴。设计采用新式窑洞、雨水回收、人工湿地、特朗勃墙等技术手段，实现新结构、新技术、新功能和新空间的和谐共生。适宜温度，适宜湿度成就“窑”望，乡村校园建筑再一次变得明亮。

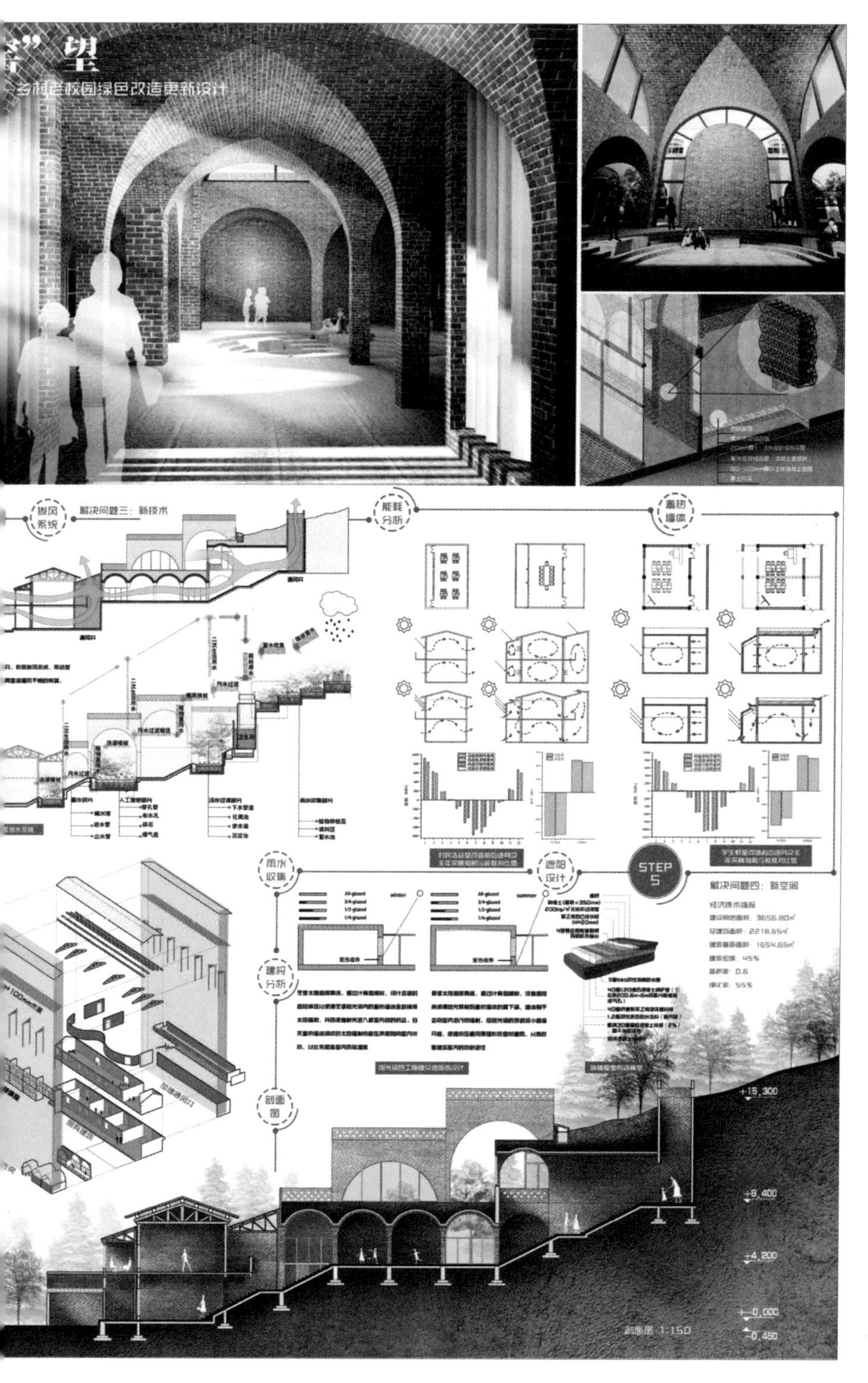

扫码点击“立即阅读”，
浏览线上图片

一等奖获奖作品
First Prize Winners

作者姓名：王吉羽　王菲　方坤宇　徐健
专业年级：建筑学研二　建筑学研一
指导教师：周崐　李曙婷
参赛学校：西安建筑科技大学建筑学院

5G 时代下的绿色校园物流

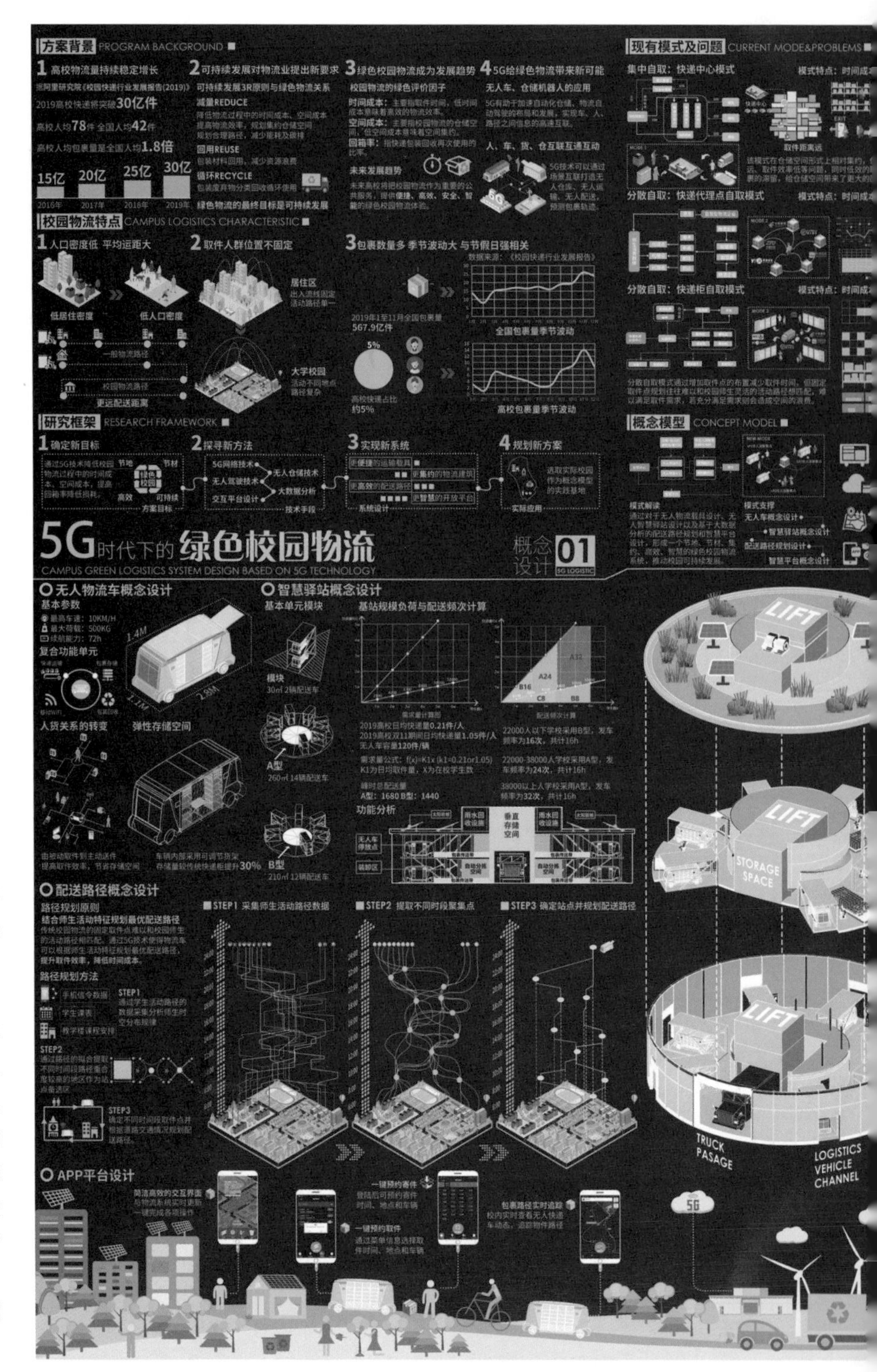

在高校物流量持续稳定增长的背景下，校园物流已经成为校园公共服务的重要组成部分，绿色校园物流将是未来校园物流发展的趋势。

本方案从5G技术的视角，探寻新的技术手段以推动未来绿色校园物流建设。方案以可持续发展为原则，重点研究通过新技术以降低校园物流的时间成本、空间成本，提高校园物流的运营效率及包裹二次利用率，通过对于无人物流载具设计、无人智慧驿站设计以及基于大数据分析的配送路径规划和智慧平台设计，最终形成一个节地、节材、集约、高效、智慧的绿色校园物流系统，推动校园可持续发展。

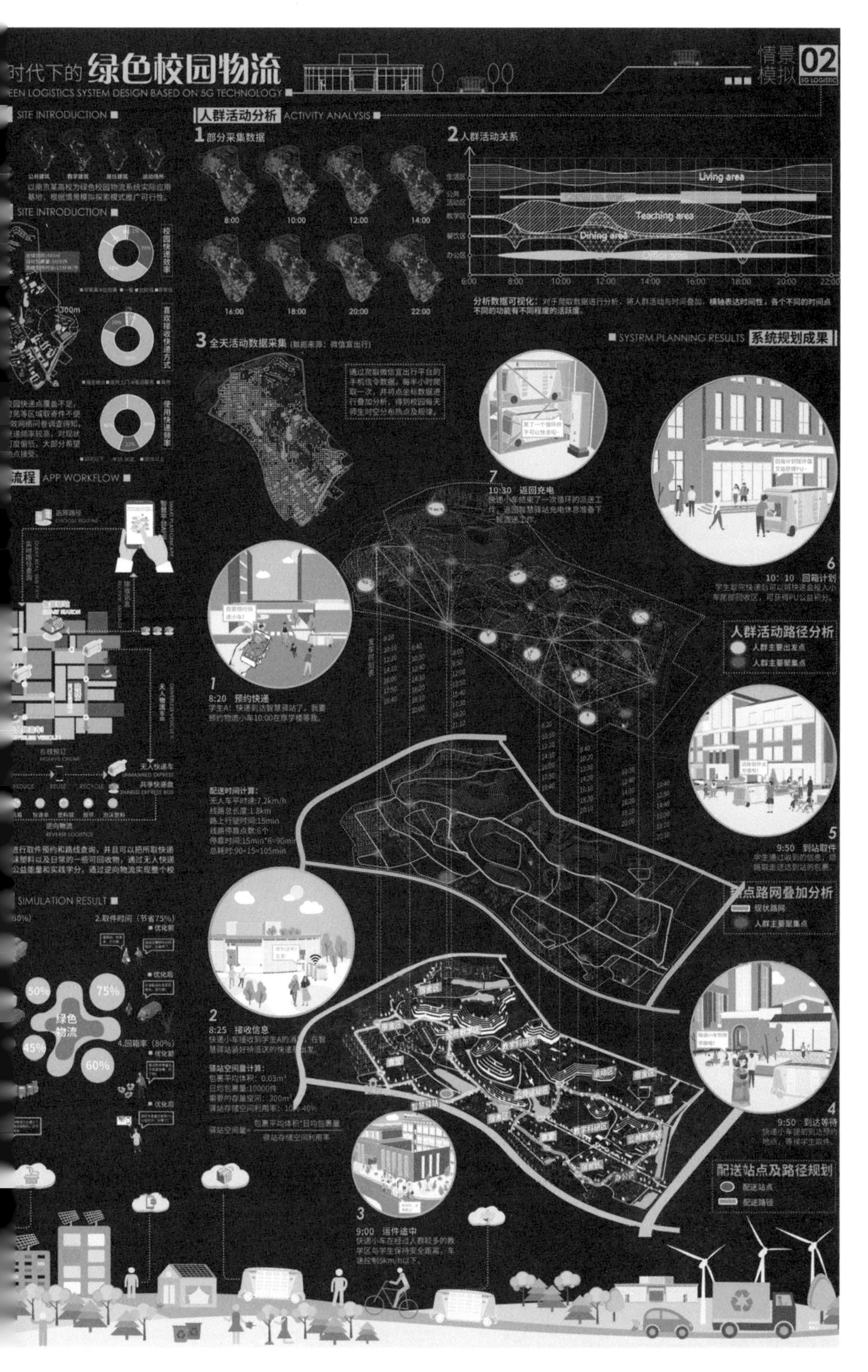

扫码点击“立即阅读”，
浏览线上图片

一等奖获奖作品

First Prize Winners

作者姓名：管曼玲　冯思源　陈烨　季童

专业年级：城乡规划五年级

指导教师：黎智辉　陶德凯

参赛学校：南京工业大学建筑学院

基于 4M 理念的绿色校园智能化慢行系统优化

——以同济大学嘉定校区为例

扫码点击“立即阅读”，
浏览线上图片

二等奖获奖作品
Second Prize Winners

作者姓名：蔡雨欣　吴子君　房彦君　黄恋寒
专业年级：城乡规划三年级　建筑学二年级
指导教师：刘超
参赛学校：同济大学建筑与城市规划学院

同济大学嘉定校区位于上海市市郊，平均乘公交车到达市区内需要一个半小时，颇为不便。由于位置偏远，学校不仅是学习场所，更是集聚生活服务、休闲娱乐等多种功能为一体的复合型空间。然而，校园现状矛盾突出，主要集中在交通上：校内交通方式以步行和骑车为主，而此类慢行者仍然面临着人车混行的交通不安全、慢行体验不佳等问题。另一方面，过于宽敞的道路没有得到高效利用，对土地资源也是一种极大的浪费。

基于此，本方案提出了针对嘉定校区慢行交通系统的优化改造。以“绿色交通”为指导思想，立足于嘉定校区同学的实际需求，运用模块化道路、重力感应跑道等智能化技术手段，从安全、节能、健康、活力 4 个方面进行全面改造提升的策略，即“4M（More secure、More energy-efficient、 More healthy、More vibrant）”，试图打造功能复合化的立体式绿色校园。

基于4M理念的绿色校园智能化慢行系统优化 ——以同济大学嘉定校区为例

济三路道路断面优化

中央大道道路断面优化

4M网络系统分析

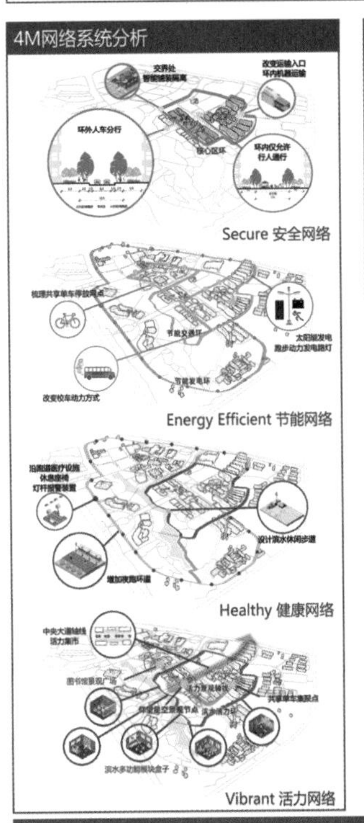

平面优化与场景表现

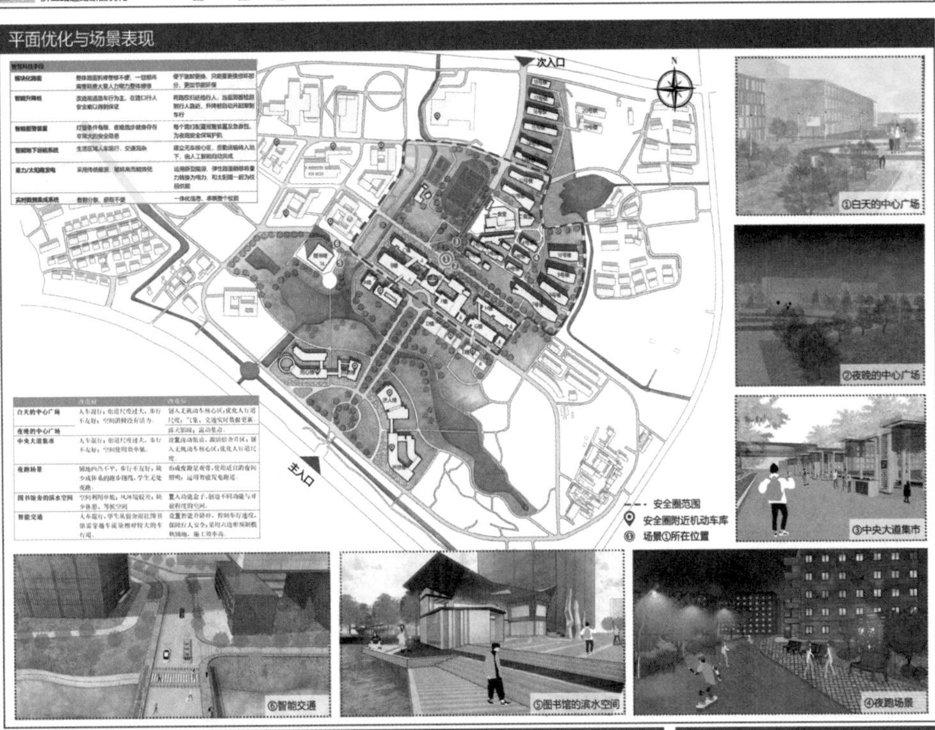

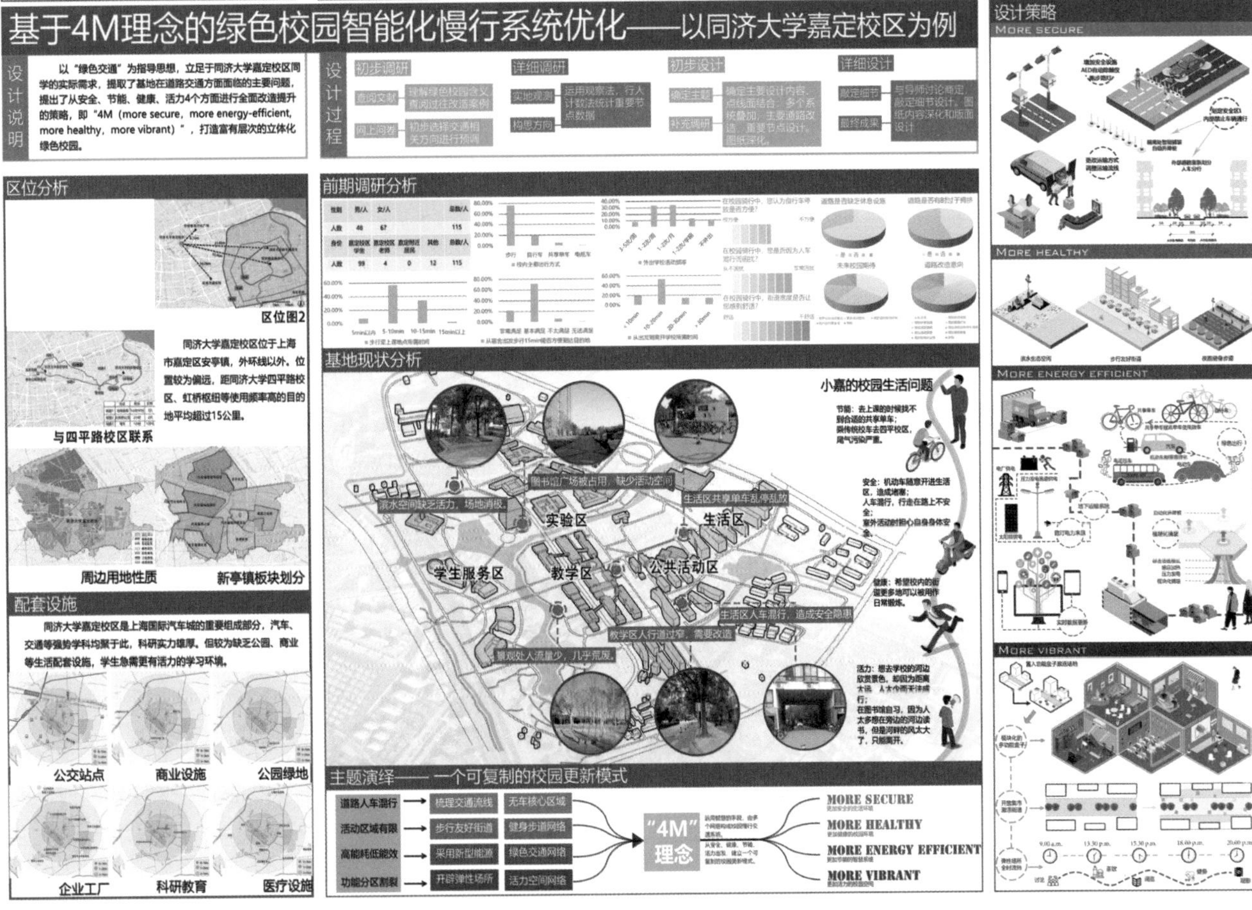

焕新空间

——基于弹性设计下利用可变体系激活空白空间

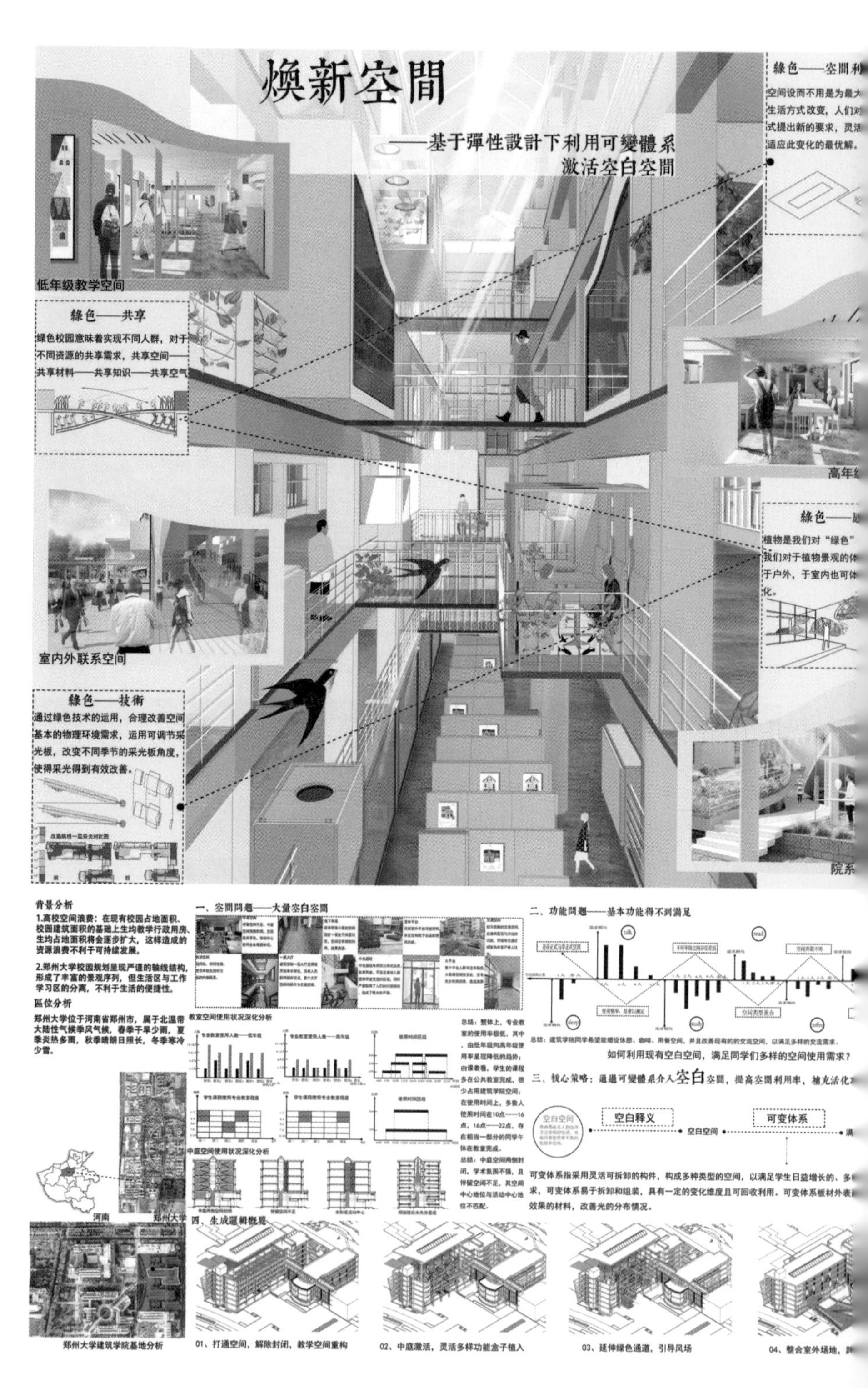

本方案针对建筑学院进行改造，从使用者的需求出发，结合建筑学院现有的空间浪费问题，采用可变体系植入的方式激活空白空间，活化建院使用者的生活—工作空间。

与此同时，借助可变体系对物理环境进行改善，最终实现空间焕新。

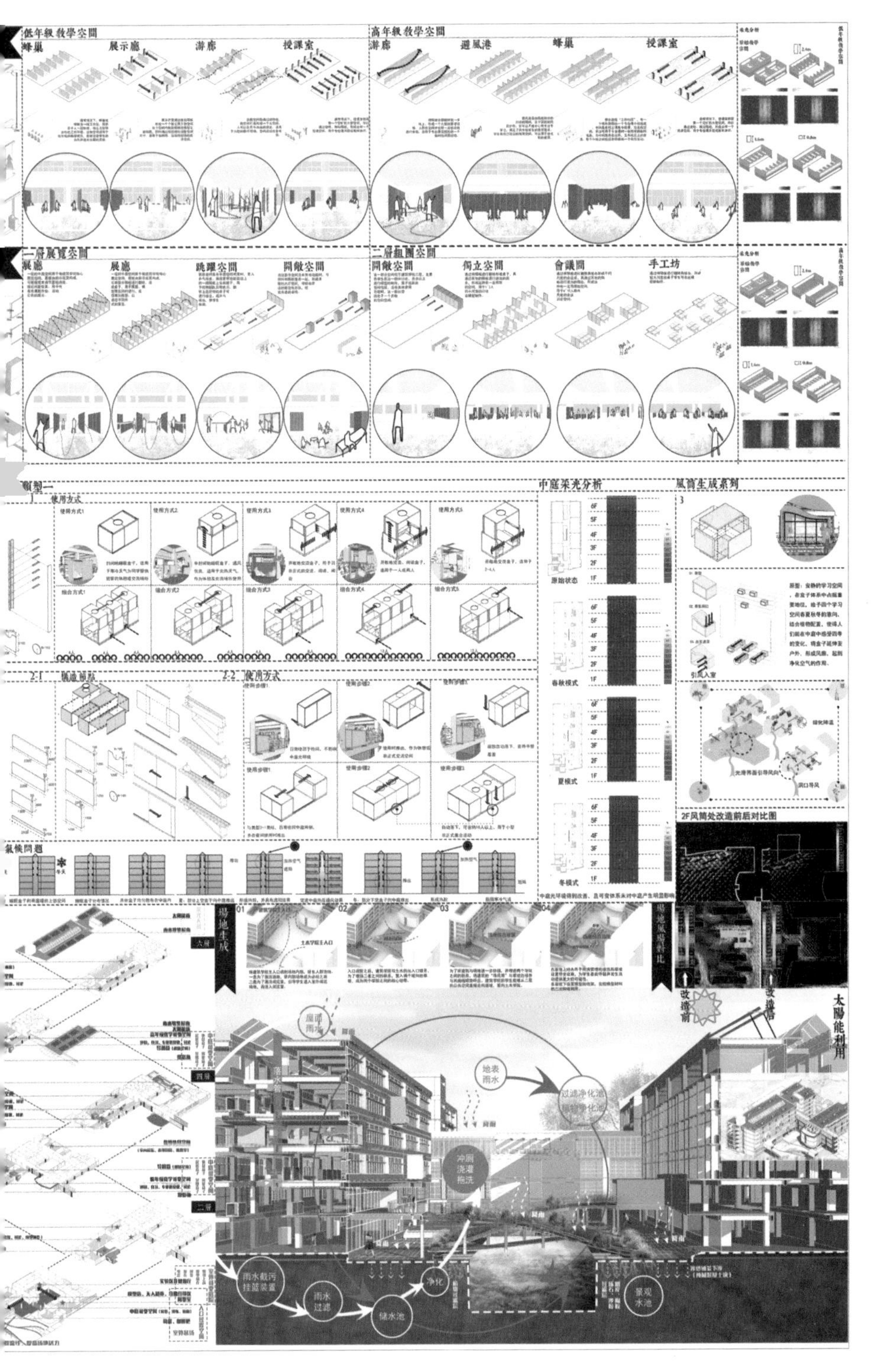

扫码点击“立即阅读”，
浏览线上图片

二等奖获奖作品
Second Prize Winners

作者姓名：赵振宁　丁君
专业年级：建筑学四年级
指导教师：李卓
参赛学校：郑州大学建筑学院

庭院深深深几许

——传统建筑绿色智慧转译与再生长

扫码点击“立即阅读”，
浏览线上图片

二等奖获奖作品
Second Prize Winners

作者姓名：王宁　周瑶逸　郭浩然
专业年级：建筑学硕士二年级
指导教师：王静
参赛学校：东南大学建筑学院

江南处于夏热冬冷地区，夏季湿热、冬季湿冷，全年需除湿，太阳辐射量在全国气候分区中最少，因此，潮湿问题是江南地区普遍面临的重点的问题。我国的传统民居不但富含了文化特征，同时应用朴素的手段应对各区域的气候环境问题，江南传统民居为了适应江南气候环境，发展出了由天井、冷巷、廊道、敞厅为主的缓冲空间体系并成了其重要的气候适应性手段。

东南大学四牌楼校区地处南京玄武区，作为江南地区典型的老校园，除湿通风问题是其校园空间中提高身体舒适度所面临的主要问题。除身体舒适外，心理舒适也作为绿色建筑评价的重要参考依据。因此如何提升校园活力是同时面临的重要问题。调研发现，校区内与学科相配套的自主文化空间极度缺失，造成校园活力不足。

本设计从江南传统民居中提取具有气候与文化适应性的缓冲空间体系作为原型，进行设计转译，以东南大学四牌楼校区内建筑肌理较多、可操作性较强的中庭空间作为触媒，提供改善通风调节、联系室内外通风体系；满足不同学科文化空间自主灵活性、提升校园文化活力的灵活装配式微介入操作，形成中庭空间和建筑本体共同作用下的“气候缓冲体系”，从而在身体舒适度和心理舒适度双重指标上，塑造“老校园、新活力”的绿色校园。

庭院深深深几许

—— 传统建筑绿色智慧转译与再生长

江南处于夏热冬冷地区，夏季湿热，冬季湿冷，全年需除湿，太阳辐射量在全国气候分区中最少，因此，潮湿问题是江南地区普遍面临的重点的问题。

校园的传统民居不仅蕴含了文化特征，同时能应用朴素的手段应对各区域的气候环境问题。江南传统民居为了适应江南气候环境，发展出了由天井、冷巷、廊道、敞厅为主的缓冲空间体系成为了其重要的气候适应性手段。

东南大学四牌楼校区地处南京玄武区，作为江南地区典型的老校园，除湿通风问题是其校园空间中提高身体舒适度所面临的主要问题。除身体舒适外，心理舒适也作为绿色建筑评价的重要参考依据。因此如何提升校园活力是同时面临的重要问题。调研发现，校区内与学科相配套的自主文化空间极度缺失，造成校园活力不足。

本设计从江南传统民居中提取具有气候与文化适应性的缓冲空间体系作为原型，进行设计转译，以东南大学四牌楼校区内建筑肌理较多、待操作性较强的中庭空间作为触媒，提供改善通风调节、联系室内外通风体系；满足不同学科文化空间自主灵活性，提升校园文化活力的灵活装配式微介入操作，形成中庭空间和建筑本体共同作用下的“气候缓冲体系”，从而在身体舒适度和心理舒适度双重指标上，塑造“老校园、新活力”的绿色校园。

江南气候特征

江南地区气候特征：

江南传统民居缓冲空间体系

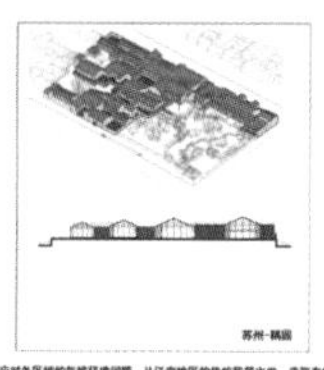

校园现状调研

1、身体舒适：通风不畅，较为潮湿

2、心理舒适：缺乏与学科相配套的自主文化空间

策略分析

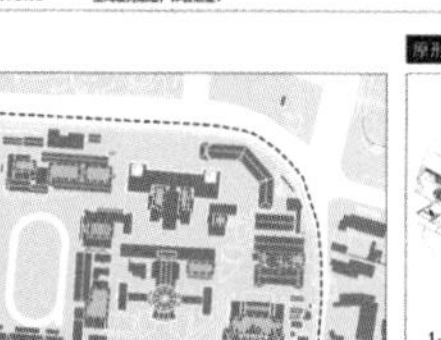

1、中庭作为触媒点：

2、改善建筑通风：

3、提升校园活力：

原形提取

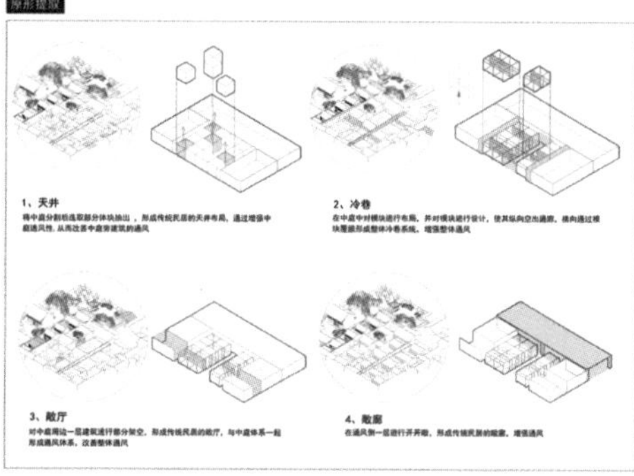

缓冲空间体系转译

Ⅰ冷巷 —转译— 通风腔体

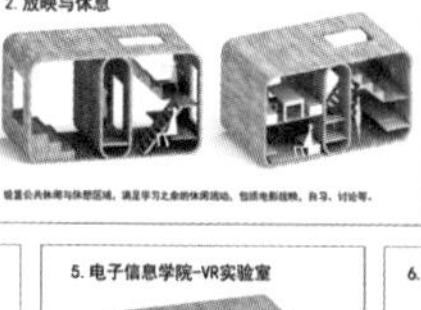

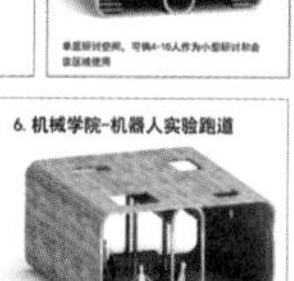

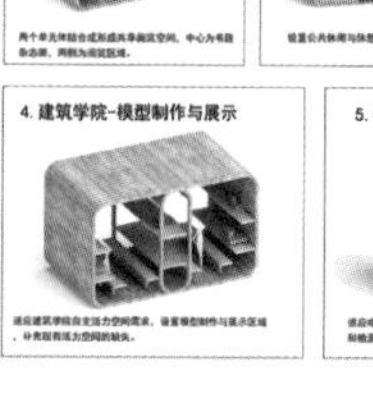

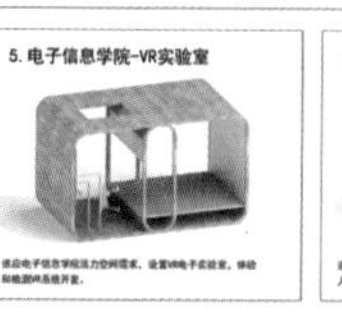

6. 机械学院-机器人实验跑道

Ⅱ冷巷、天井 —转译— 通风“冷巷”、小而密型院落

Ⅲ冷巷、天井、敞厅 —转译— 中庭通风“冷巷”、中庭“多院落”、建筑首层半开敞、建筑立体化“冷巷”

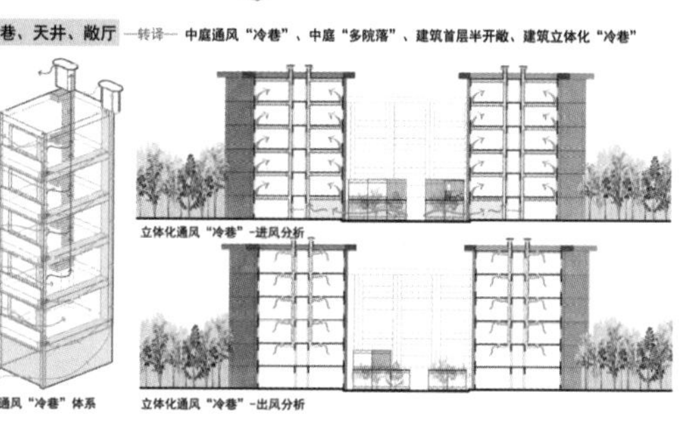

立体化通风“冷巷”体系

立体化通风“冷巷”-进风分析

立体化通风“冷巷”-出风分析

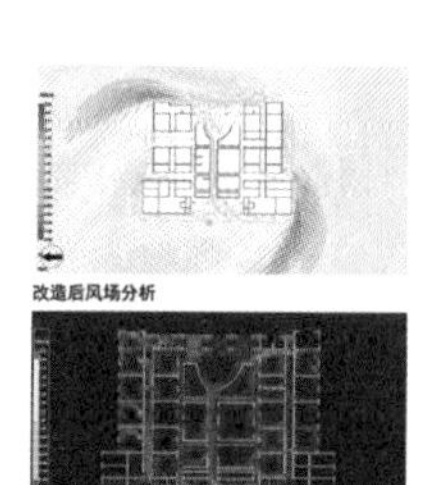

改造后风场分析

改造后风场分析

CHAMELEON

——基于校园适应性装置研究

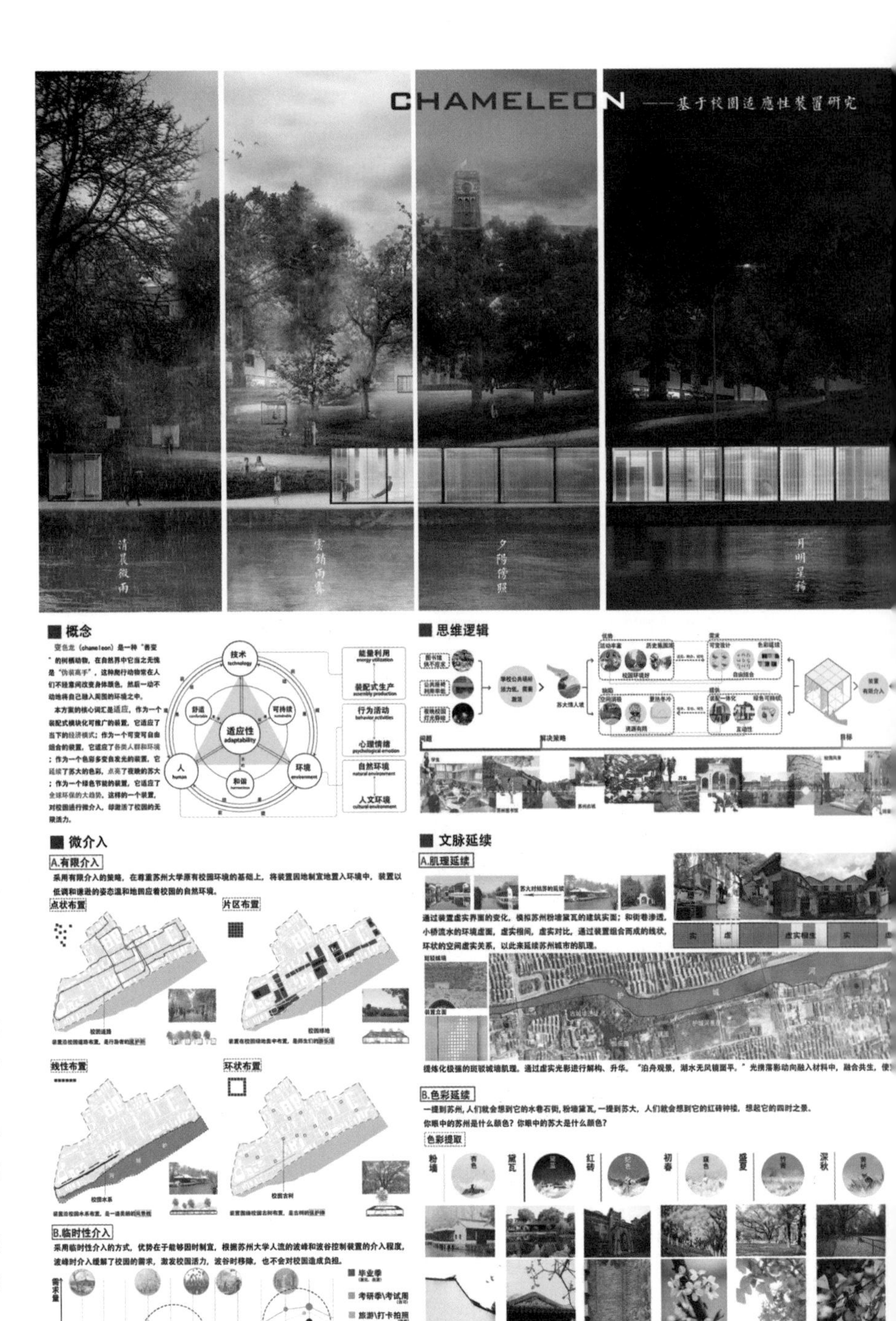

本方案是基于苏州大学天赐庄校区的现状问题进行的适应性装置研究，设计特点用以下四个关键词阐释。

1. 延续性：文脉基于城市，是对苏州古城的尊重与延续，文脉延续之于苏州大学，是为了传承与发扬。
2. 微介入：在不破坏校园肌理的原则下，对已有校园空间进行小范围、小规模的局部再生，从而实现空间活化的目的。
3. 自定义：在装置设计中，我们赋予了使用者定义空间的自由，体现了“以人为本”的核心设计理念。
4. 经济性：装置的模块化与装配生产节约了资源投入和使用过程中的成本，实现了资源的合理使用。

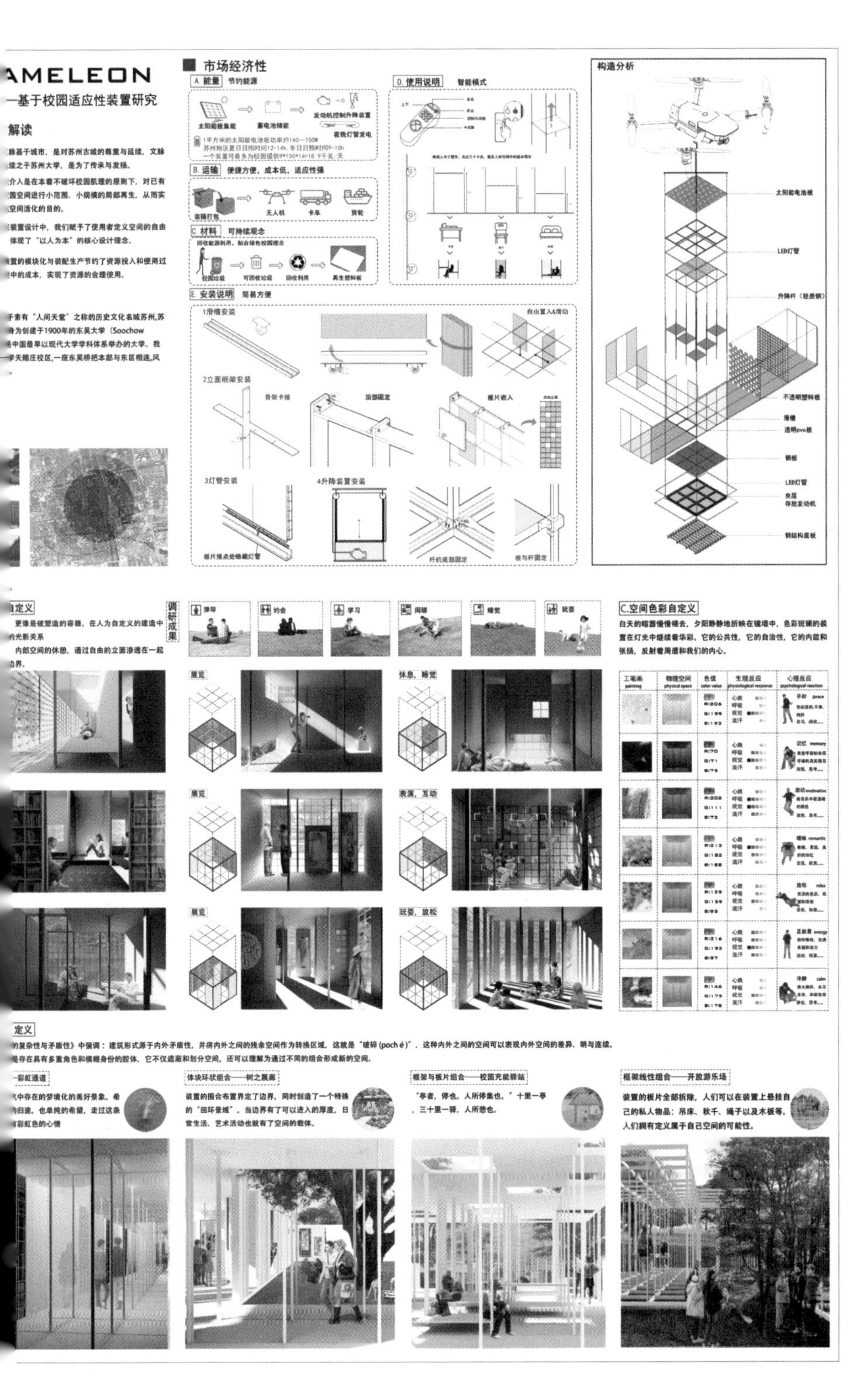

扫码点击“立即阅读”，
浏览线上图片

二等奖获奖作品
Second Prize Winners

作者姓名：潘妍　沈梦帆
专业年级：建筑学四年级
指导教师：徐俊丽　赵秀玲
参赛学校：苏州大学金螳螂建筑学院

生态绿架

——山青院礼堂艺术营地绿色改造策略

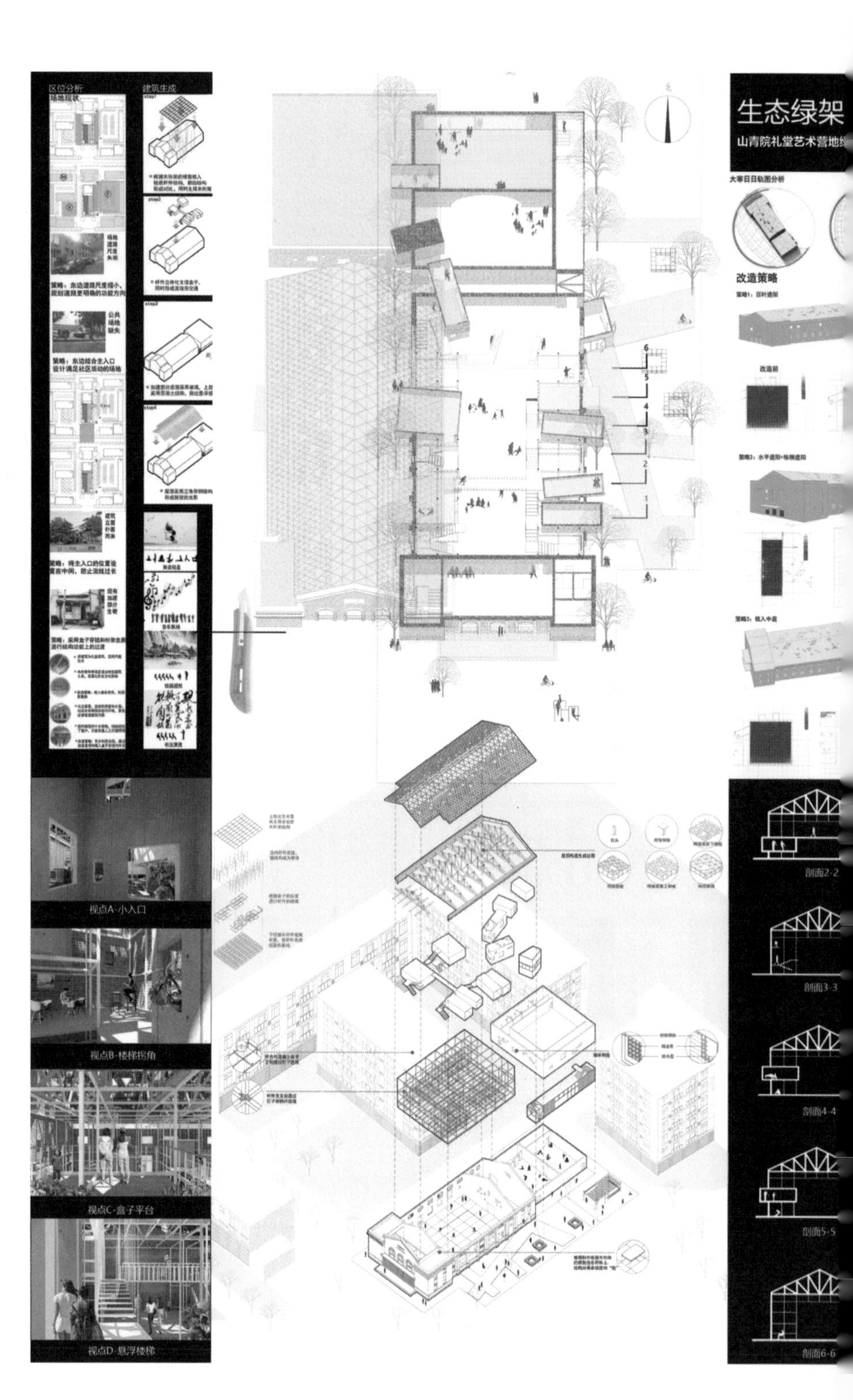

基地位于山东青年政治学院，随着场所的时空变化，校园中的礼堂已落后于时代潮流，但作为公共建筑，它仍具有一定的历史、艺术与使用价值。

根据周边环境调研，决定将其进行绿色改造，在保护原有结构的基础上，置入新的杆件结构，结合书法、绘画、音乐、舞蹈等艺术功能实现老校园的可持续发展，使旧礼堂焕发出新的活力。

在一个大空间下，各种不同的活动相互交叉又互不干扰，既有公共交流场所又可以独处自省，满足了学生不同的交往需求，建筑即容器，即容纳人们的各种活动。

杆件采用装配式结构，盒子可以进行灵活的移动组合，利用环保可再生材料生成礼堂新立面，同时结合百叶窗、太阳能等绿色节能措施，打造绿色生态、创新活力新礼堂。

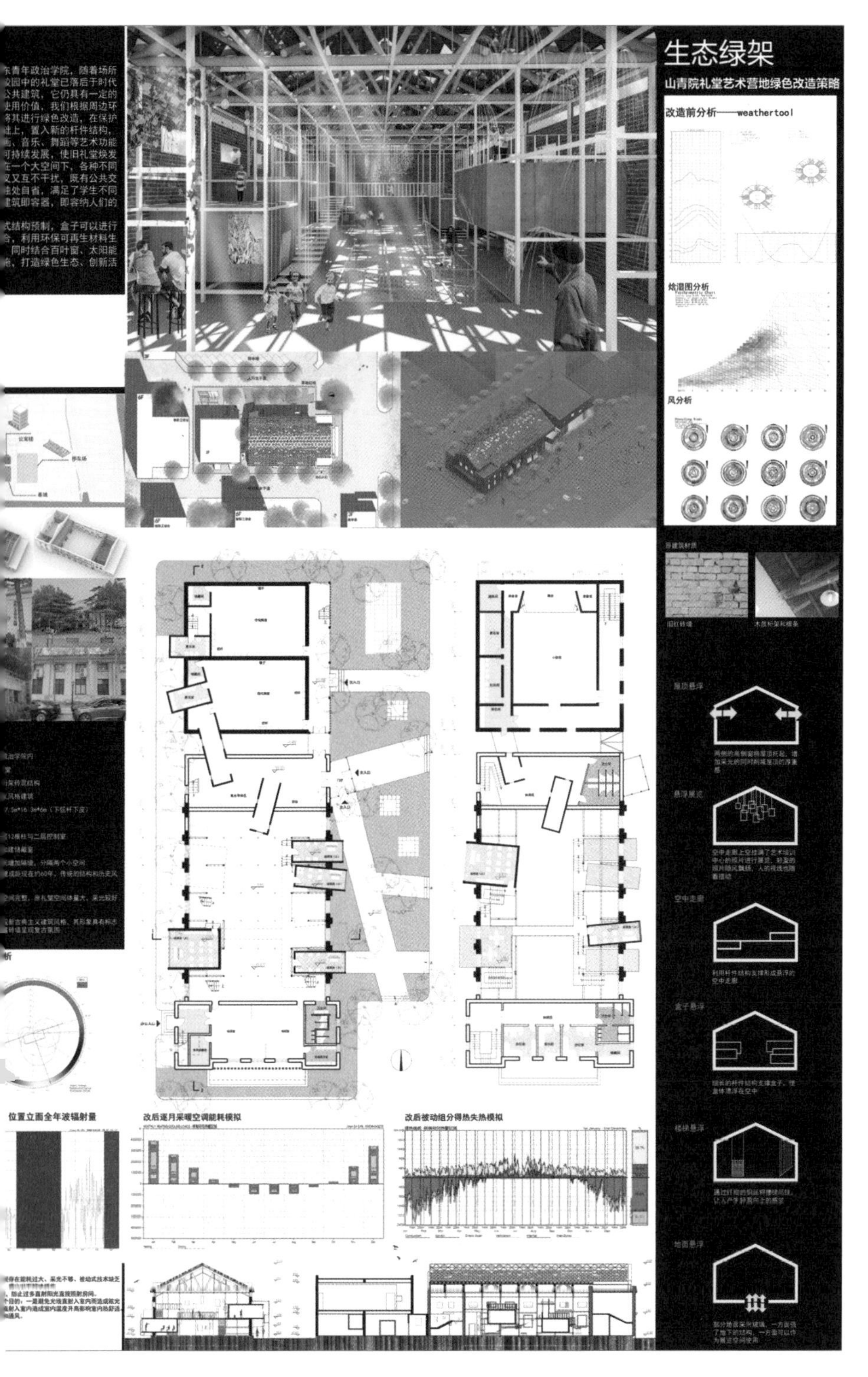

扫码点击“立即阅读”，
浏览线上图片

二等奖获奖作品
Second Prize Winners

作者姓名：孔庆秋　刘明昊
专业年级：建筑学四年级
指导教师：贯颖颖
参赛学校：山东建筑大学建筑城规学院

模·方+

——湿热气候环境下的高密度校园空间激活设计

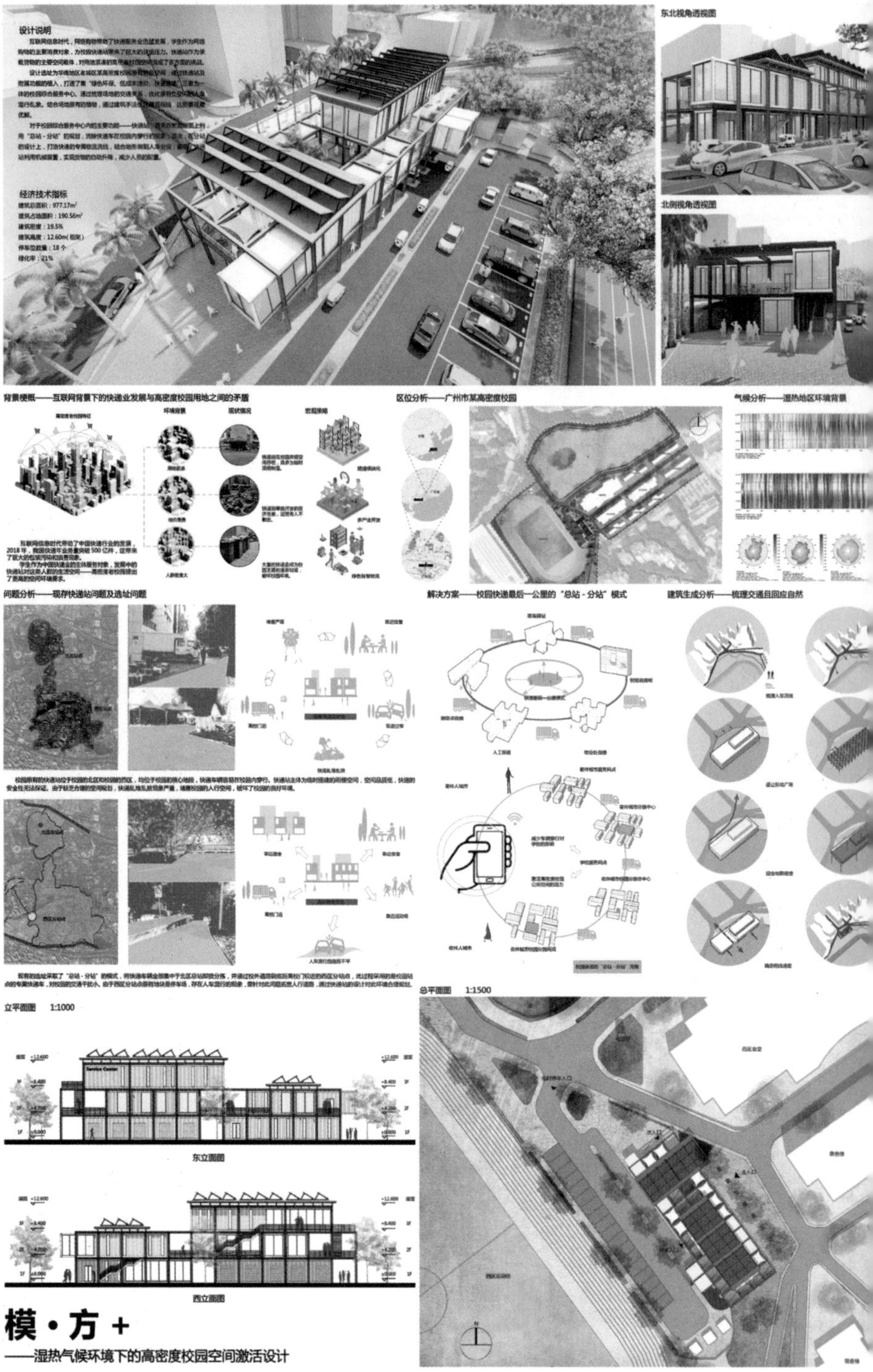

互联网信息时代，网络购物带动了快递服务业的迅猛发展，学生作为网络购物的主要消费对象，为校园快递站带来了巨大的货运压力。快递站作为承载货物的主要空间载体，对用地紧凑的高密度校园空间造成了多方面的挑战。

设计选址为华南地区老城区某高密度校园原有的负空间，通过快递站及附属功能的植入，打造了集“绿色环保、低成本造价、快速建造”三者为一体的校园综合服务中心。通过梳理场地的交通关系，优化原有负空间的人车混行乱象。结合场地原有的植物，通过建筑手法优化景观视线，达到景观最优解。

对于校园综合服务中心内的主要功能——快递站，首先，在宏观层面上利用“总站—分站”的规划，消除快递车在校园内穿行的现象；其次，在分站的设计上，打造快递的专属物流流线，结合地形做到人车分设；最后，快递站利用机械装置，实现货物的自动升降，减少人员的配置。

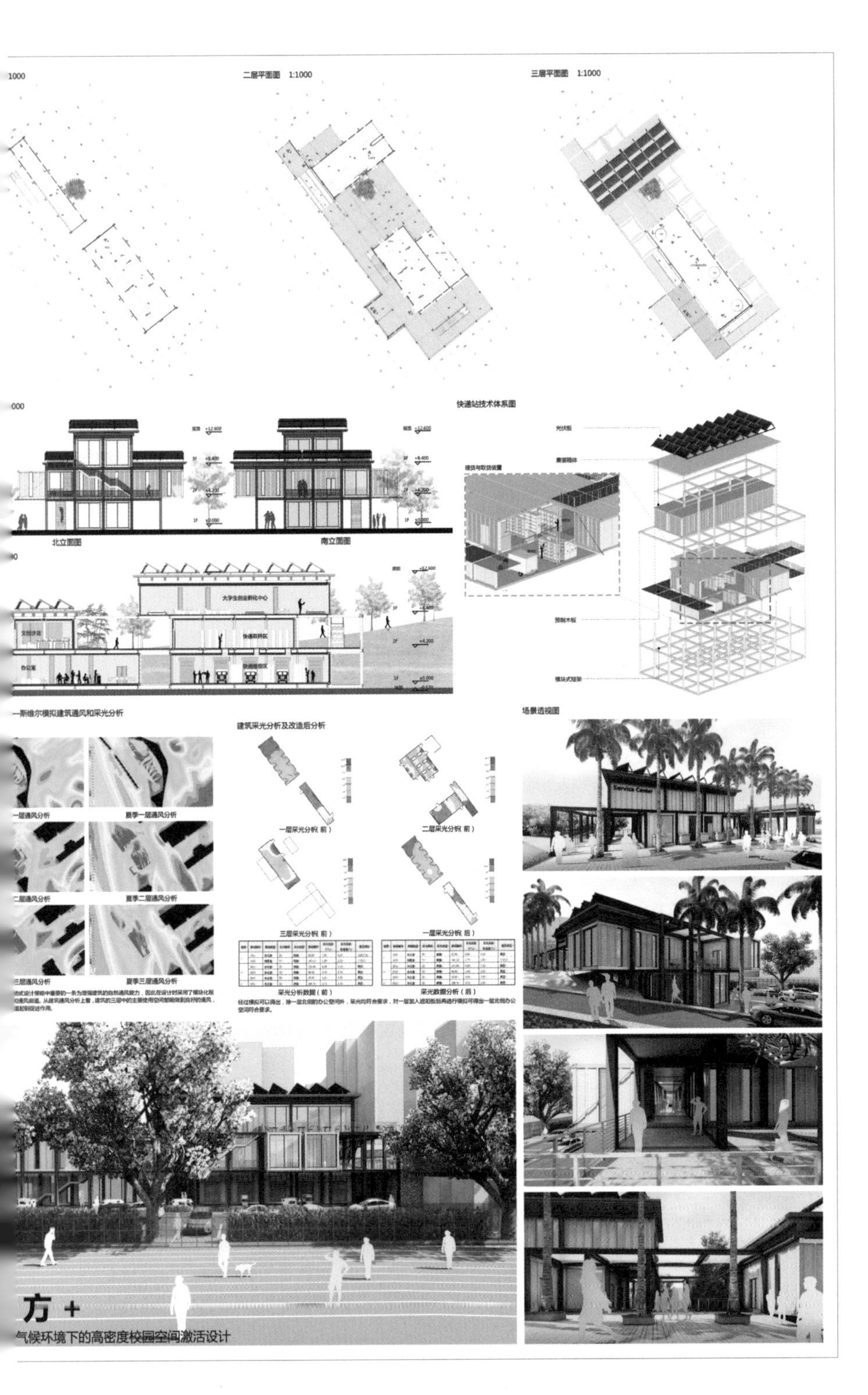

扫码点击“立即阅读”，
浏览线上图片

三等奖获奖作品
Third Prize Winners

作者姓名：刘艺蓉　罗佳琦　叶桂明　冯聃雅
专业年级：建筑学研一　建筑学五年级
指导教师：王静
参赛学校：华南理工大学建筑学院
　　　　　湖南大学建筑学院

绿色·模块　流动·活力

——建筑系馆绿色更新改造

扫码点击“立即阅读”，
浏览线上图片

三等奖获奖作品
Third Prize Winners

作者姓名：周利君　赵燚梦
专业年级：建筑学四年级
指导教师：陈伟莹
参赛学校：郑州大学建筑学院

本次建筑系馆绿色更新改造基于“以人为本”的可持续绿色校园发展理念，依托于四个概念：绿色、模块、流动、活力。

首先，以绿色为导向，采用主动式和被动式相结合的手法，提升系馆的微气候，创造绿色建筑；其次，绿色建筑是一个复杂的系统，其建设过程就是系统再造的过程，故采用模块化理论对绿色建筑进行研究，以对改造进行全寿命周期的规划，实现模块的可循环；再次，引入流动理念，在进行现有空间利用以及教学方式调研的基础上创造多样化的教学模式，同时进行流动空间的创造，以及技术措施的循环；最后，在绿色、模块、流动三方面的共同作用下提升系馆活力，增强学生的活动频率，实现老校园的可持续发展，将新活力注入到老校园中去。

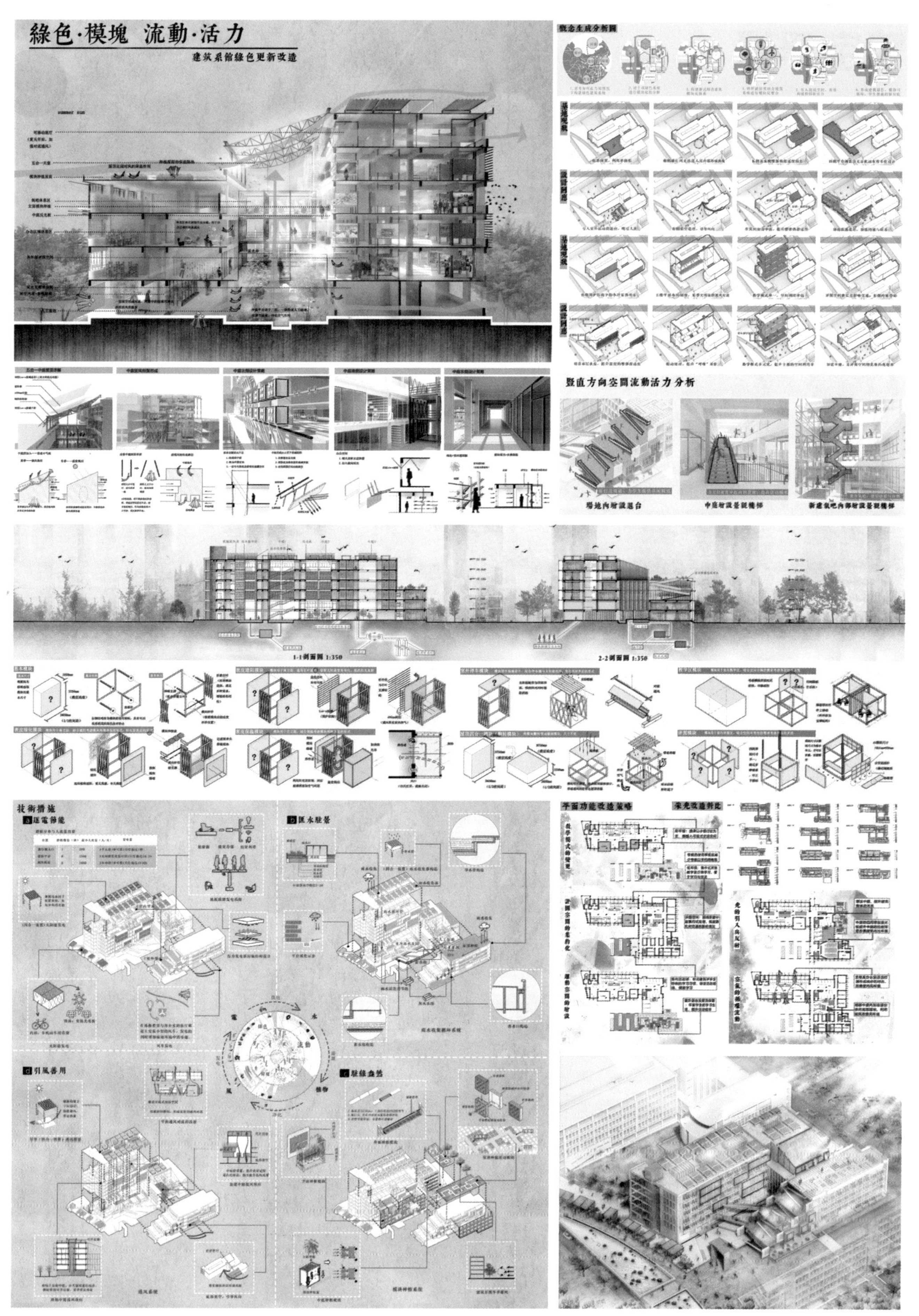
綠色·模塊 流動·活力
建筑系館綠色更新改造
概念生成分析圖
豎直方向空間流動活力分析
場地內嵌設退台
中庭嵌設景觀樓梯
新建餐吧內部嵌設景觀樓梯
1-1剖面圖 1:350
2-2剖面圖 1:350
技術措施
a 運電節能
b 匯水駐景
d 引風善用
c 駐綠品熱
平面功能改造策略
采光改造對比

智宇浮绿

——基于数据分析的同济大学绿色屋顶规划及文远楼屋顶花园设计

绿色校园的可持续更新在存量更新的时代，是否可以突破二维绿地的局限，在垂直空间中寻求更大量的绿化和宜居环境。

在大数据背景下，校园屋顶布置的气象站数据提供了数据分析的可能性，并为设计提供合理预测和科学计算的基础。

本设计以上海气象局、同济大学气象站、文远楼建筑能耗的数据为支撑，在实地调研和文献研究校园建筑的建成情况、物理环境和社会活动，并通过 Envi-met 模拟软件，对微气候情况进行分析计算，得到校园屋顶适建性评估。并对同济大学文远楼已有的屋顶花园进行更新改造。将其赋予生态过滤屋顶的角色，作为校园绿色屋顶的先锋计划，以期唤起师生对绿色校园和生态意识的重视并激活建筑三维空间的活力。

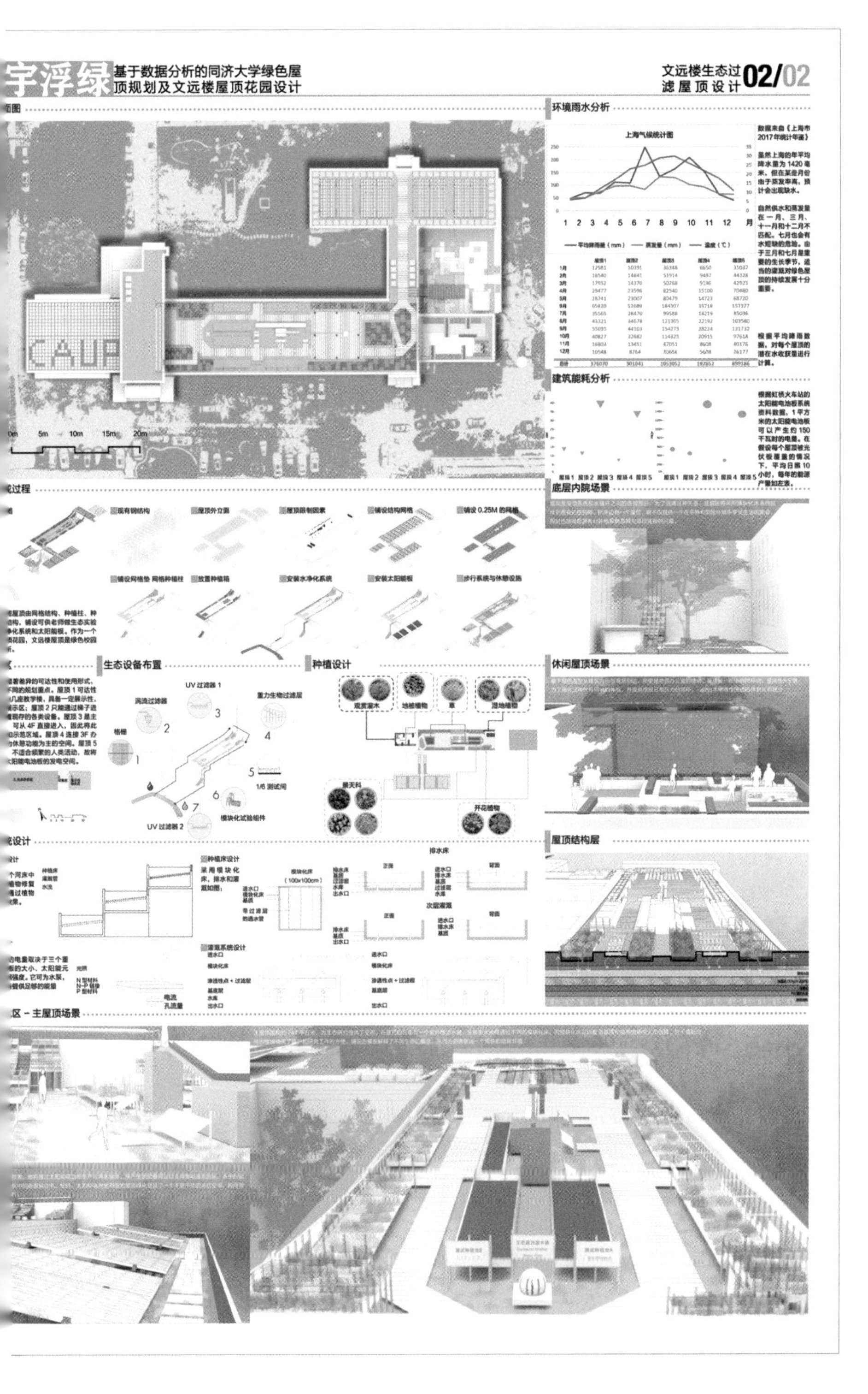

扫码点击“立即阅读”，
浏览线上图片

三等奖获奖作品
Third Prize Winners

作者姓名：戴吅　刘艾　Franziska Guenther
Tom Goetz
专业年级：风景园林研二
指导教师：董楠楠　Lee Parks
参赛学校：同济大学建筑与城市规划学院

麦田的守望者

扫码点击“立即阅读”，
浏览线上图片

三等奖获奖作品
Third Prize Winners

作者姓名：李楠　王瑞明
专业年级：建筑学四年级
指导教师：陈伟莹
参赛学校：郑州大学建筑学院

该设计运用仿生的理念，通过分析植物对能量和物质的接受运输与转化的生理作用机制得出一套在太阳能驱动下以水为介质的主动式技术体系；通过分析小麦在冬夏两季冬眠现象和蒸腾作用的适应性调节机制得出建筑空间可以像植物一样进行形体的适应性调节来应对极端天气的结论。

我们试图通过建造自然机制的仿生建筑，为学生们提供一个更加亲近自然的环境，希望学生能够在与建筑亲密的互动中，对绿色建筑有一个新的认识。我们所做的不仅是一次老教学楼的改造，我们更希望提供绿色建筑的仿生机制和田园生活的态度，从而为更多的绿色设计提供一个参考模板。

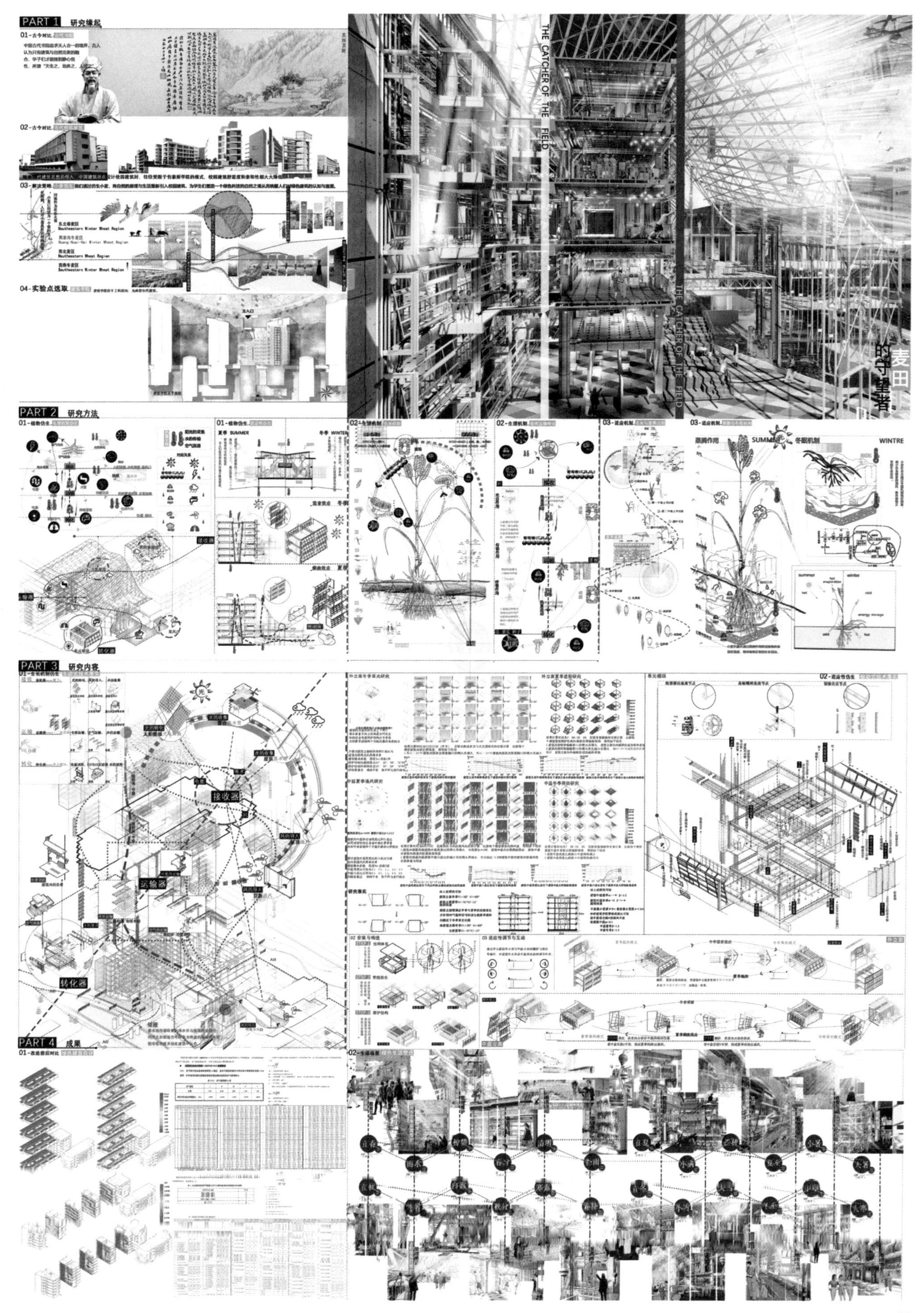
PART 1 研究缘起
01-古今对比
02-古今对比
03-解决策略
04-实验点选取
THE CATCHER OF THE FIELD
麦田的守望者
PART 2 研究方法
01-植物仿生
夏季 SUMMER
冬季 WINTER
02-生理机制
03-适应机制
蒸腾作用
冬眠机制
PART 3 研究内容
接收器
运输器
转化器
PART 4 成果
01-改造前后对比

予光　与光

——基于光导系统对光环境改善的校园更新改造

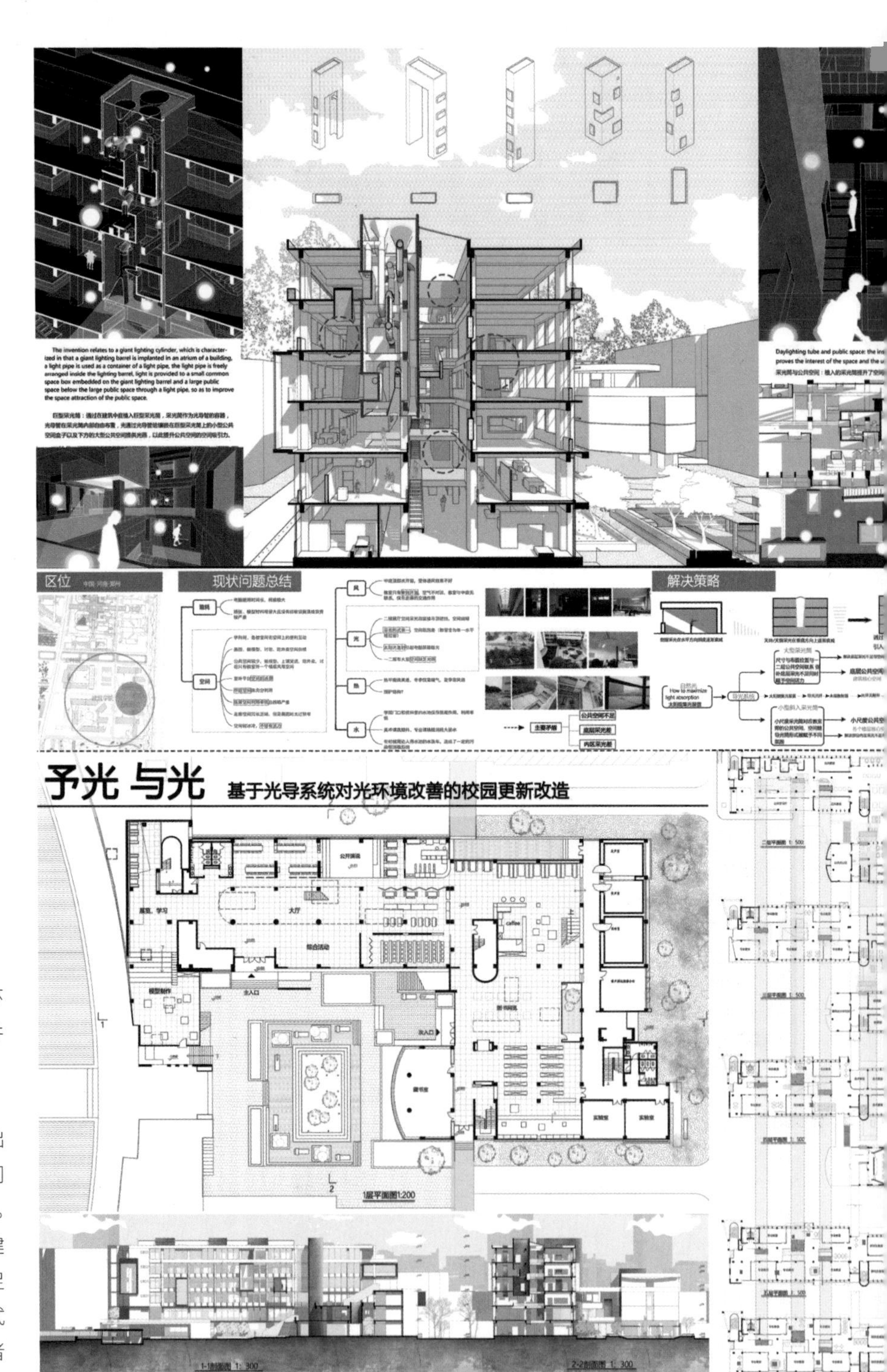

对于建筑而言，自然光是重要的外部环境条件之一，它给建筑提供了许多有利条件的同时也带来了一些不利因素。

本次改造中，在现状与采光分析的基础上，从解决内区采光差和底层采光不足的问题出发，提出了针对于公共空间的导光系统。该系统与建筑原有空间联系穿插，打破原建筑传统布局方式的同时也为空间提供了充足光照，赋予了空间新的活力。竖向与斜插式的导光筒布置，希望能为原有建筑的使用者带来有趣与丰富的空间氛围。

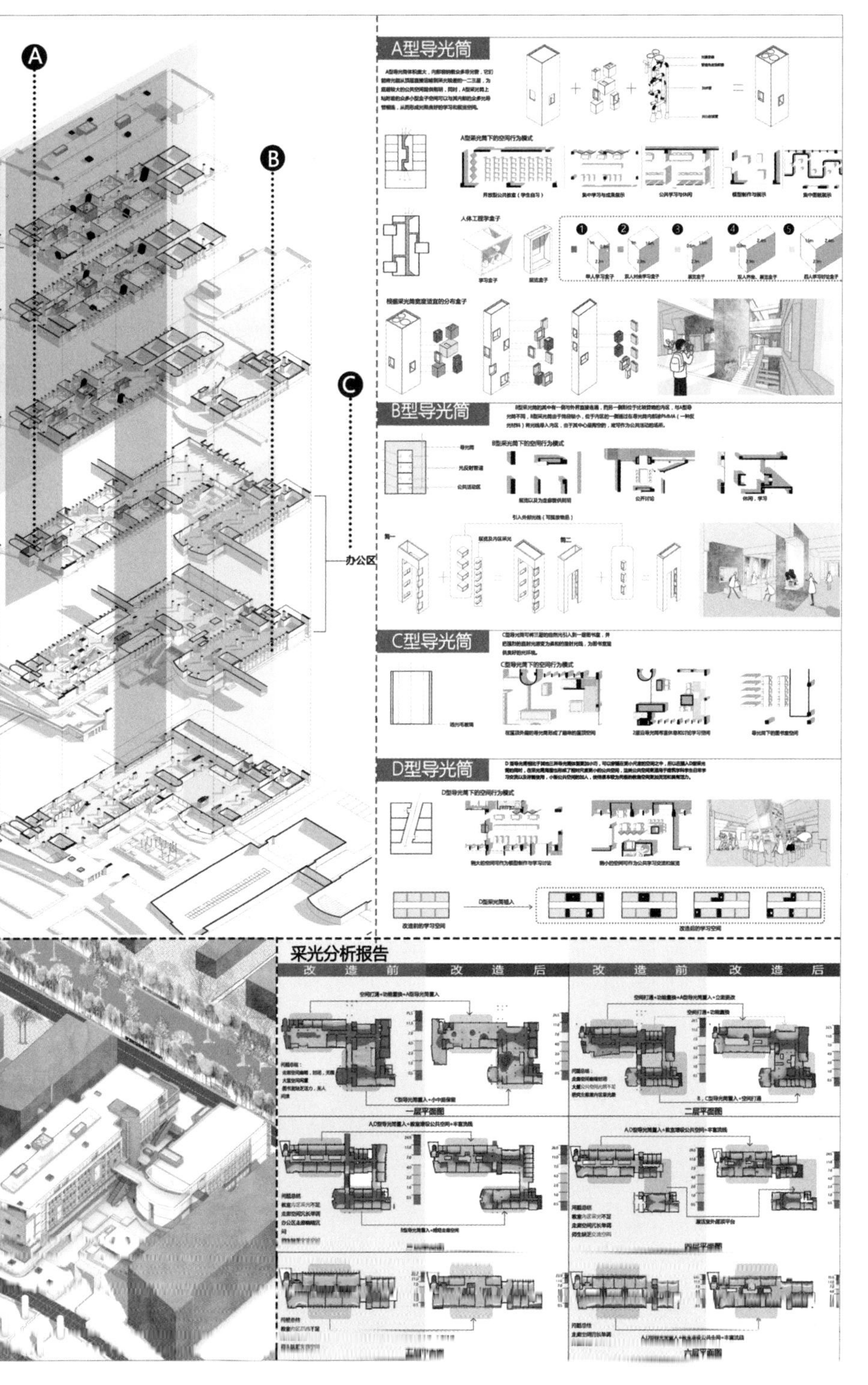

扫码点击“立即阅读”，
浏览线上图片

三等奖获奖作品
Third Prize Winners

作者姓名：安世成　游佑莹
专业年级：建筑学四年级
指导教师：唐丽
参赛学校：郑州大学建筑学院

ZERO WASTE CAMPUS

—— 基于生态足迹评估的同济大学校园垃圾分类调研与分布式处理优化

分布式垃圾处理方法通过在城市中布置堆肥设施，实现厨余垃圾的就地处理，可以减轻城市市政集中垃圾处理设施的压力，节约垃圾运输过程中的资源消耗，也可使得校园利用堆肥产物。为了使得设计过程中垃圾分类、垃圾运输、垃圾处理等多环节能得到统一量化，设计引入生态足迹评估方法作为设计方法的决策辅助工具。

设计首先调研了同济大学生活垃圾处理的情况，并评估过程中产生的生态足迹EF1，其次提出一种规划设计的优化方法，并再次评估优化方案减少的生态足迹，最终接近“Zero Waste Campus”的设计目标。设计希望启发更多思考，未来我国更多城市开始关注垃圾处理，施行垃圾分类之后，需要进一步完善优化包括分布式垃圾处理设施在内的城市垃圾处理系统的结构，建立长效机制。例如生态足迹的可跨部门量化决策工具，来保证垃圾分类的可持续性，进一步实现生活垃圾的无害化、轻量化、资源化。

扫码点击“立即阅读”，
浏览线上图片

三等奖获奖作品
Third Prize Winners

作者姓名：司海峰　樊叶　江朗　彭乐妍
专业年级：城乡规划二年级　建筑学二年级
指导教师：刘超
参赛学校：同济大学建筑与城市规划学院

绿色“插座”使用手册

——能源转换校区试行构想

扫码点击“立即阅读”，
浏览线上图片

三等奖获奖作品
Third Prize Winners

作者姓名：张甫惠　刘锦洲　云翔
专业年级：建筑学三年级
指导教师：Hisham Youssef
参赛学校：苏州大学金螳螂建筑学院

本次设计是以可持续能源系统为载体，可持续教育示范为目的的绿色可持续能源系统原型校区构想。

设计以能源转换系统的校区分布为基础框架，以能源转换单体为基础插座，来供给能源多功能应用。通过利用以太阳能为主的清洁能源，来使能源系统原型不断生长扩建和完善。同时，设计结合绿色能源系统的多功能应用来增强可持续教育感受。

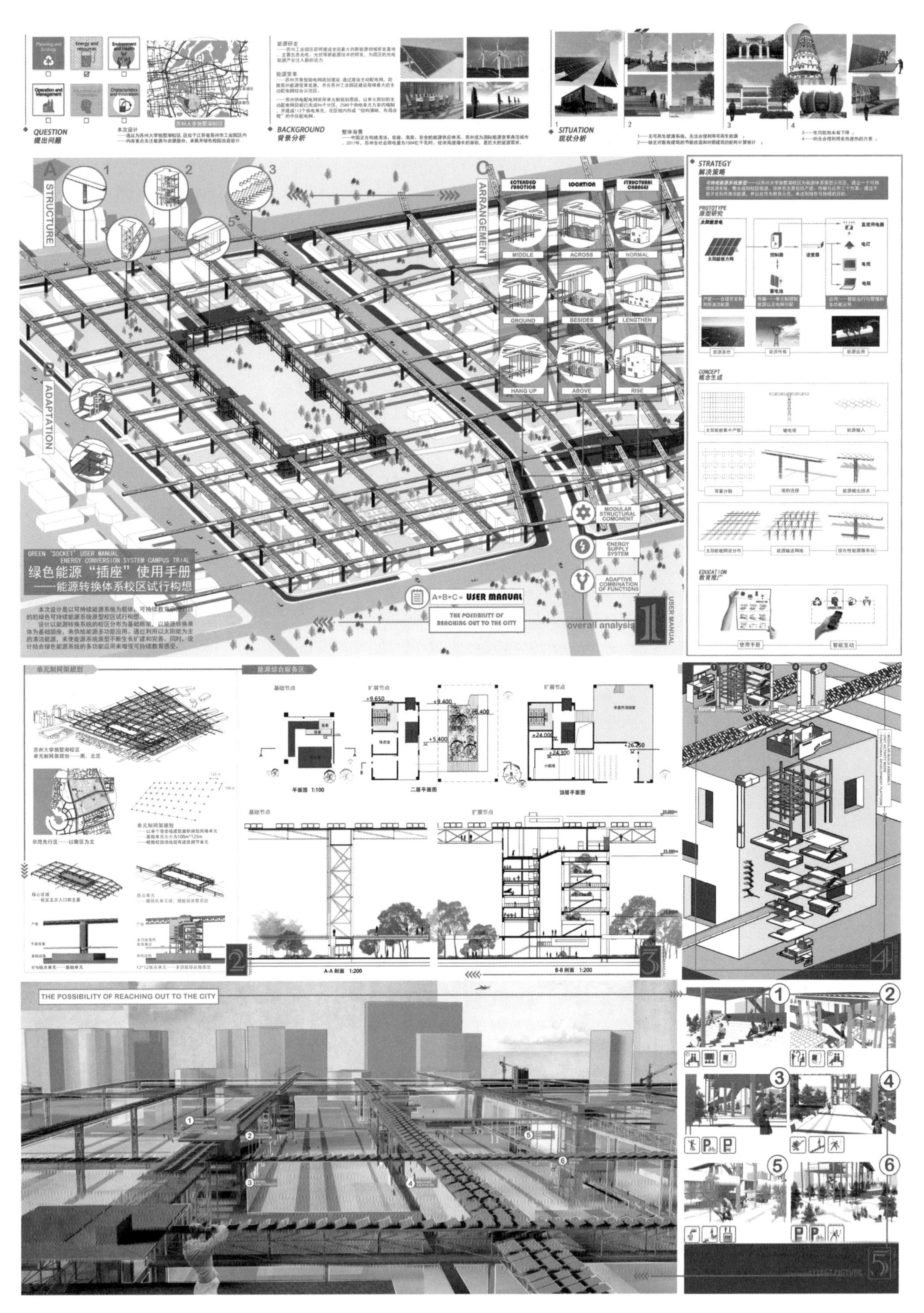
QUESTION
提出问题
BACKGROUND
背景分析
SITUATION
现状分析
STRATEGY
解决策略
PROTOTYPE
原型研究
CONCEPT
概念生成
EDUCATION
教育推广
STRUCTURE
ARRANGEMENT
ADAPTATION
EXTENDED FUNCTION
LOCATION
STRUCTURAL CHANGES
MIDDLE
ACROSS
NORMAL
GROUND
BESIDES
LENGTHEN
HANG UP
ABOVE
RISE
GREEN 'SOCKET' USER MANUAL
ENERGY CONVERSION SYSTEM CAMPUS TRIAL
绿色能源"插座"使用手册
——能源转换体系校区试行构想
MODULAR STRUCTURAL COMONENT
ENERGY SUPPLY SYSTEM
ADAPTIVE COMBINATION OF FUNCTIONS
A+B+C= USER MANUAL
THE POSSIBILITY OF REACHING OUT TO THE CITY
overall analysis
USER MANUAL
单元制网架规划
能源综合服务区
平面图 1:100
二层平面图
顶层平面图
A-A 剖面 1:200
B-B 剖面 1:200
THE POSSIBILITY OF REACHING OUT TO THE CITY

以“推”为进·乐活空间

——基于多能联动的绿建改造

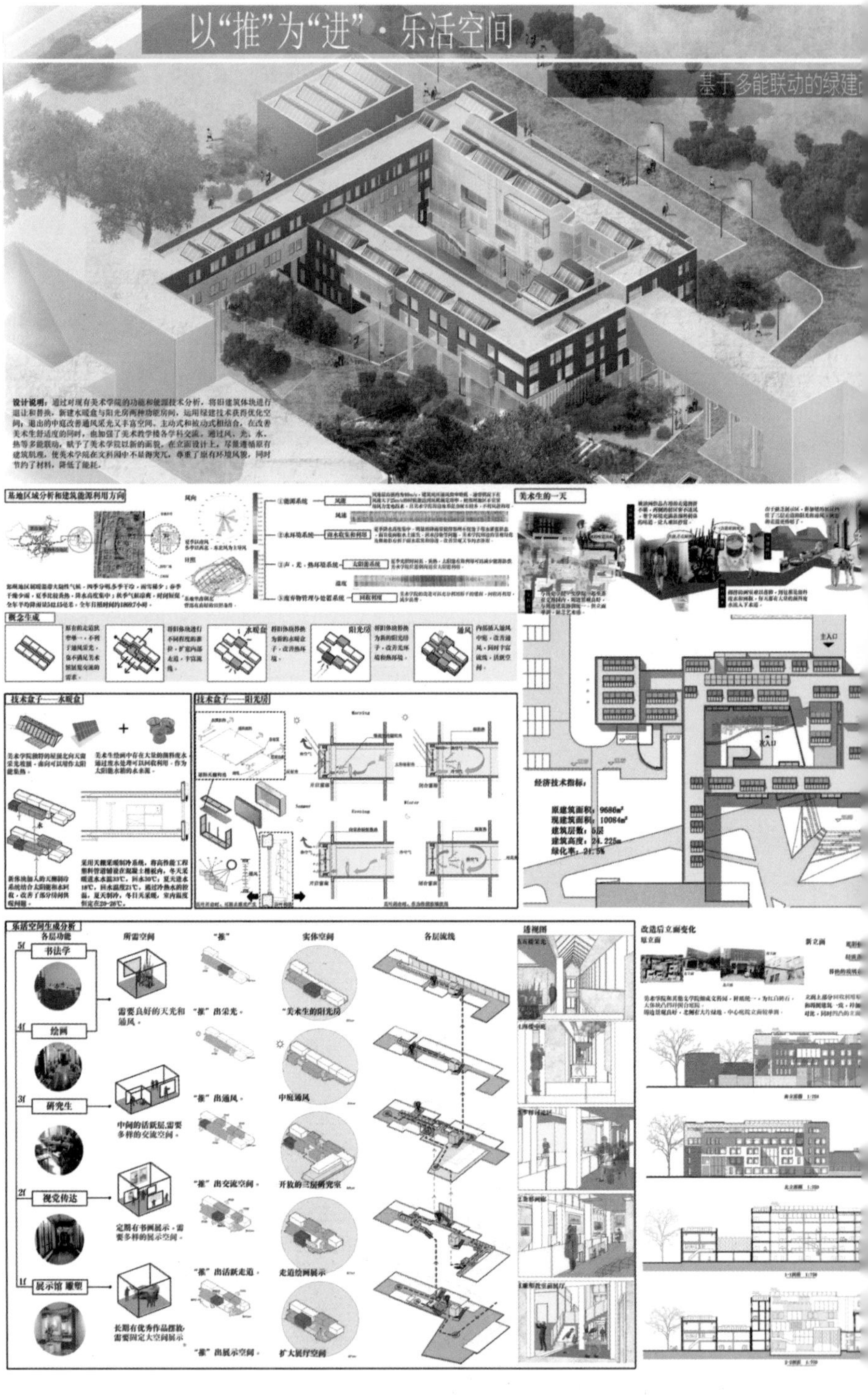

通过对现有美术学院的功能和能源技术分析，将旧建筑体块进行退让和替换。新建水暖盒与阳光房两种功能房间，运用绿建技术获得优化空间，退出的中庭既改善通风采光又丰富空间。

主动式和被动式相结合，在改善美术生舒适度的同时，也加强了美术教学楼各学科交流。通过风、光、水等多能联动，赋予了美术学院新的面貌。

在立面设计上，尽量遵循原有建筑肌理，使美术学院在文科园中不显得突兀，尊重原有环境风貌，同时节约了材料，降低了能耗。

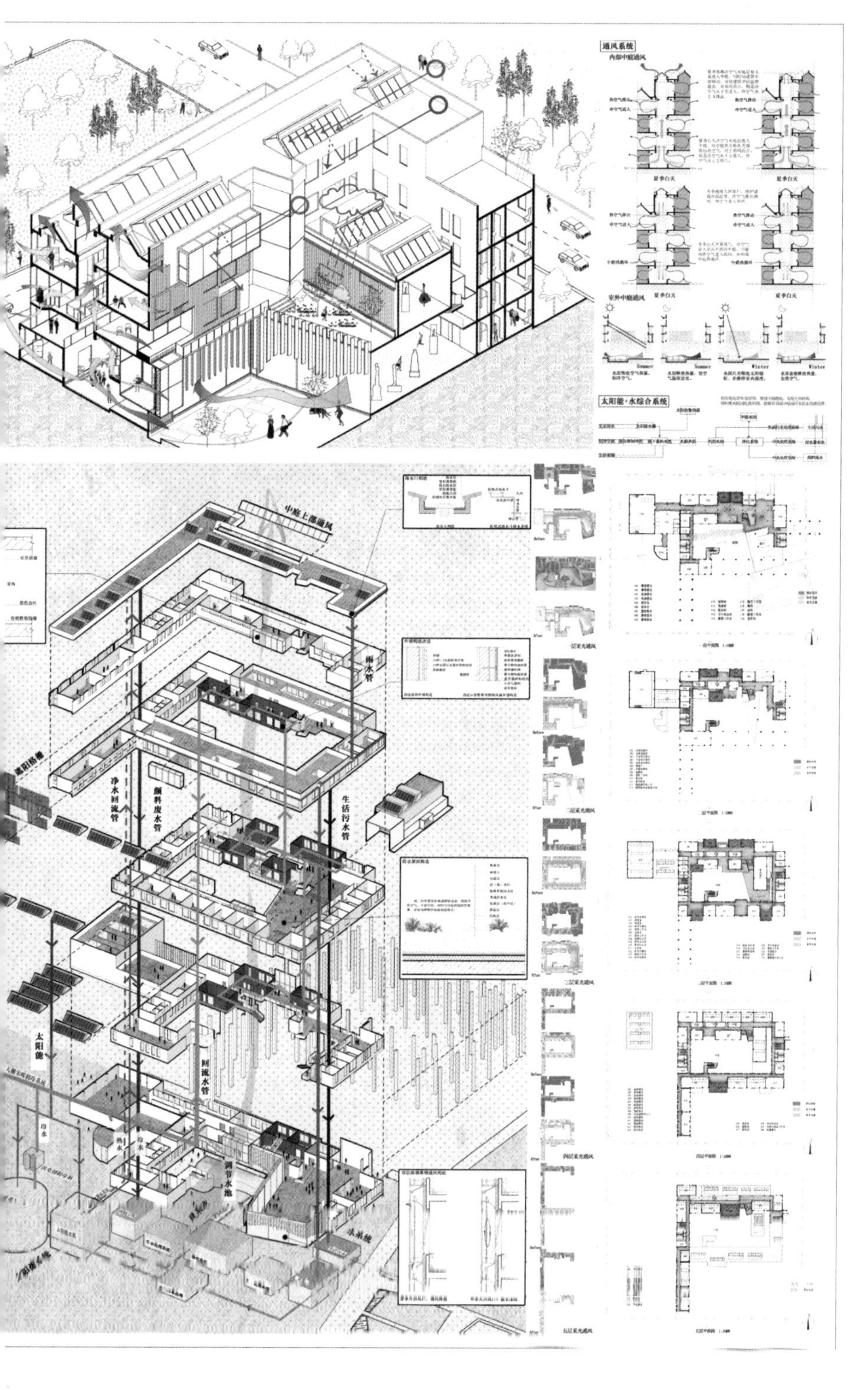

扫码点击“立即阅读”，
浏览线上图片

三等奖获奖作品
Third Prize Winners

作者姓名：柯钰琳　李瑶琪
专业年级：建筑学四年级
指导教师：唐保忠
参赛学校：郑州大学建筑学院

ARCH-CITY

——大学校园建筑系馆综合楼设计

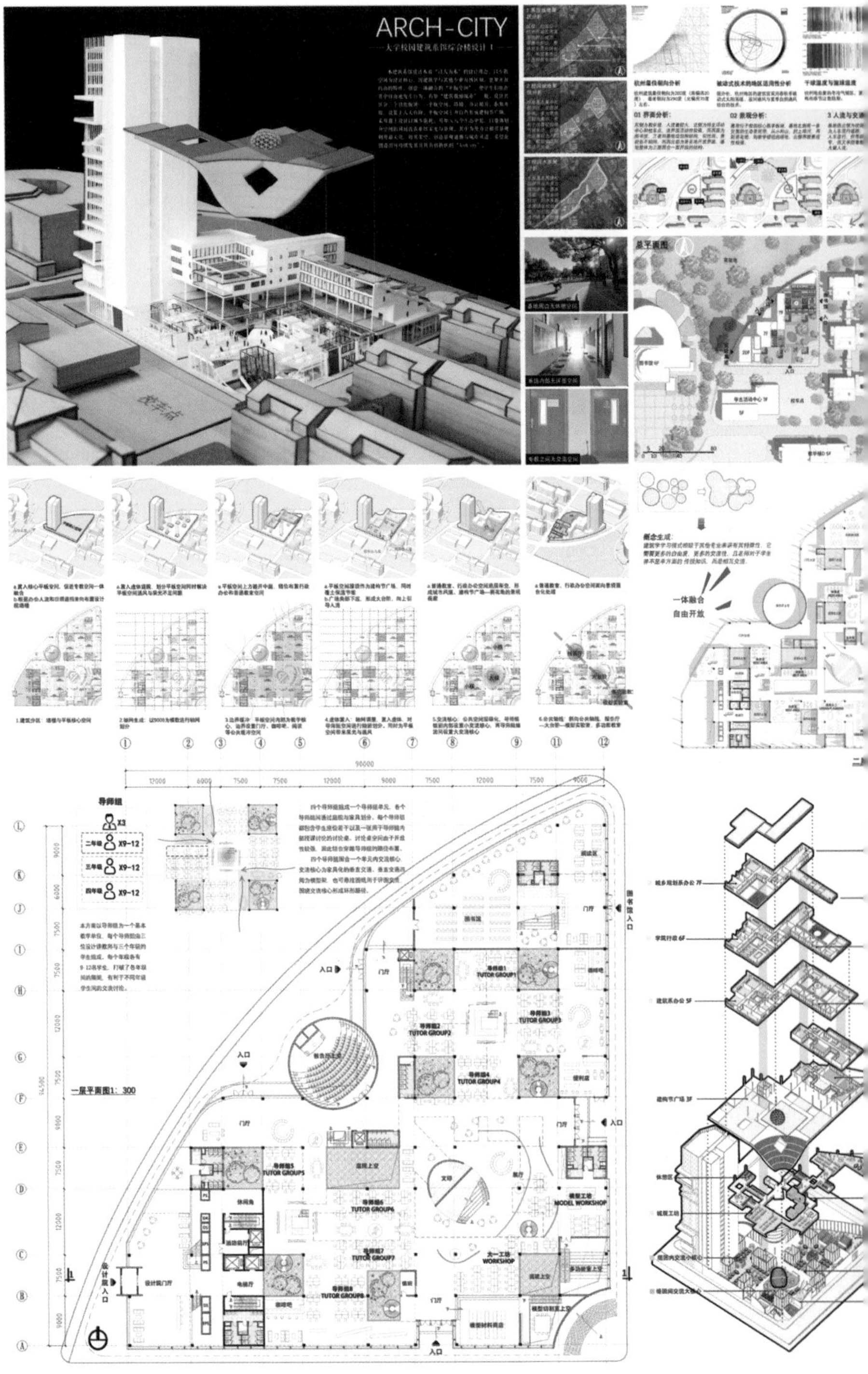

本建筑系馆设计本着“以人为本”的设计理念，以专教空间为设计核心，因建筑学与其他专业有所区别，设计将更加开放自由的特性突出，创造一体融合的“平板空间”，使学生们能在其中自由地发生行为，有如“建筑微缩城市”一般。

设计共区分3个功能板块——平板空间、塔楼、办公裙房。街角开放，设置上人大台阶，平板空间上方自然形成建构节广场，采用覆土设计以减少能耗，另加入9个生态中庭，用虚体划分空间的同时改善系馆采光与景观。

其中为使办公裙房景观利用最大化，将其架空，创造景观通廊与城市风道，希望能创造出可持续发展且具有创新性的“ARCH-CITY”。

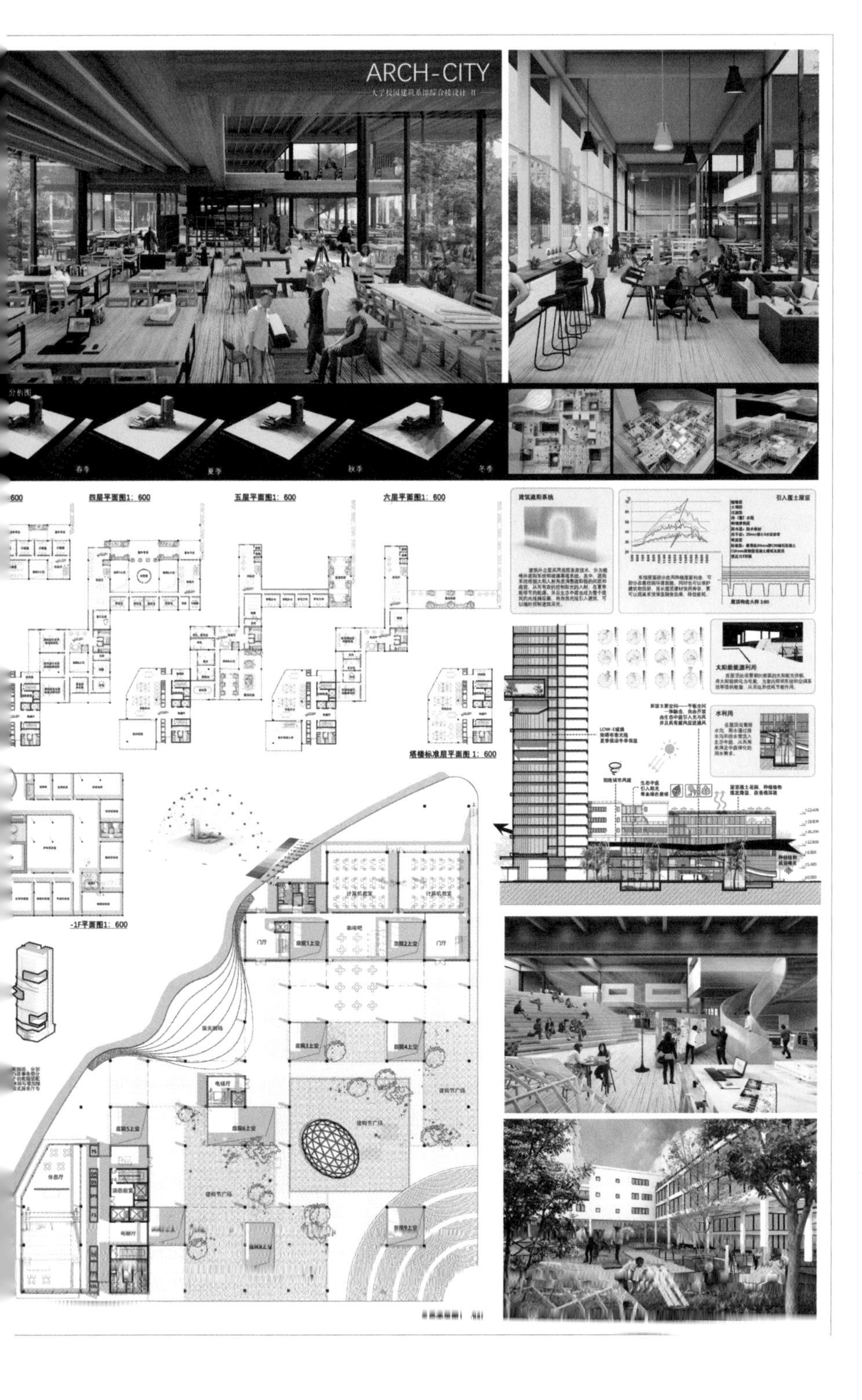

扫码点击“立即阅读”，
浏览线上图片

三等奖获奖作品
Third Prize Winners

作者姓名：傅铮　章雪璐　李响元
专业年级：建筑学四年级
指导教师：侯宁峰
参赛学校：浙江工业大学建筑工程学院

双流织序　游园知绿

——开放科普校园改造设计

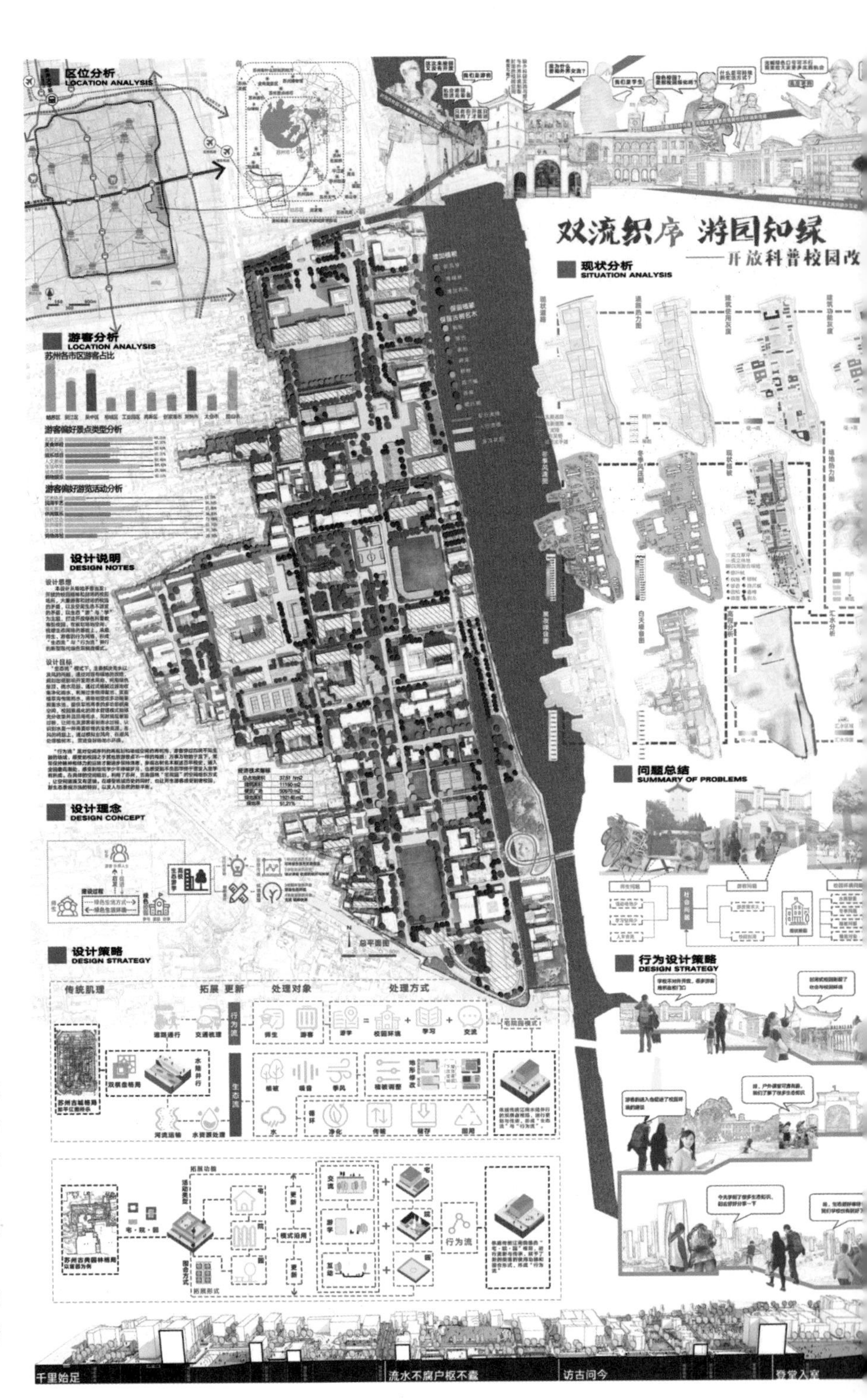

设计从场地矛盾出发，场地矛盾为开放校园精神和封闭校园场所的矛盾、大量游客和封闭校园的矛盾、空间生态不适宜的矛盾。本方案以生态“游”与“学”为主题，打造开放绿色科普教育型校园。通过重新规划场地空间梳理生态网络，承载师生、游客的行为，形成“生态流”与“行为流”并行的新型现代绿色双棋盘模式。

本方案在“生态流”模式下，主要解决雨水以及风的问题，规划雨水网络，收集净化雨水，将场地变成多功能景观蓄水池，营造场地小环境，提供旱雨两季的多功能使用空间，景观化的雨水管理能够充分收集回用雨水，展现景观过程，让师生及游客认识到水是一种宝贵资源。

“行为流”是对空间序列的再规划和场域空间的再利用，游客穿过四块不同主题的场域，感受到校园之于其他旅游景点不一样的特质：始于足下，保持精神和体力的活力。在具体的空间规划，利用了苏州古典园林“宅院园”的空间组织方式，让空间紧凑有序。感受场域历史的同时，也让师生游客感受到老校园新生态景观方法，以及人与自然的新平衡。

扫码点击“立即阅读”，
浏览线上图片

三等奖获奖作品

Third Prize Winners

作者姓名：周悦　胡光亮　张弛　龚惠莉

专业年级：风景园林研一

指导教师：翟俊　唐剑

参赛学校：苏州大学金螳螂建筑学院

浔野学园

——让孩子“野”起来！

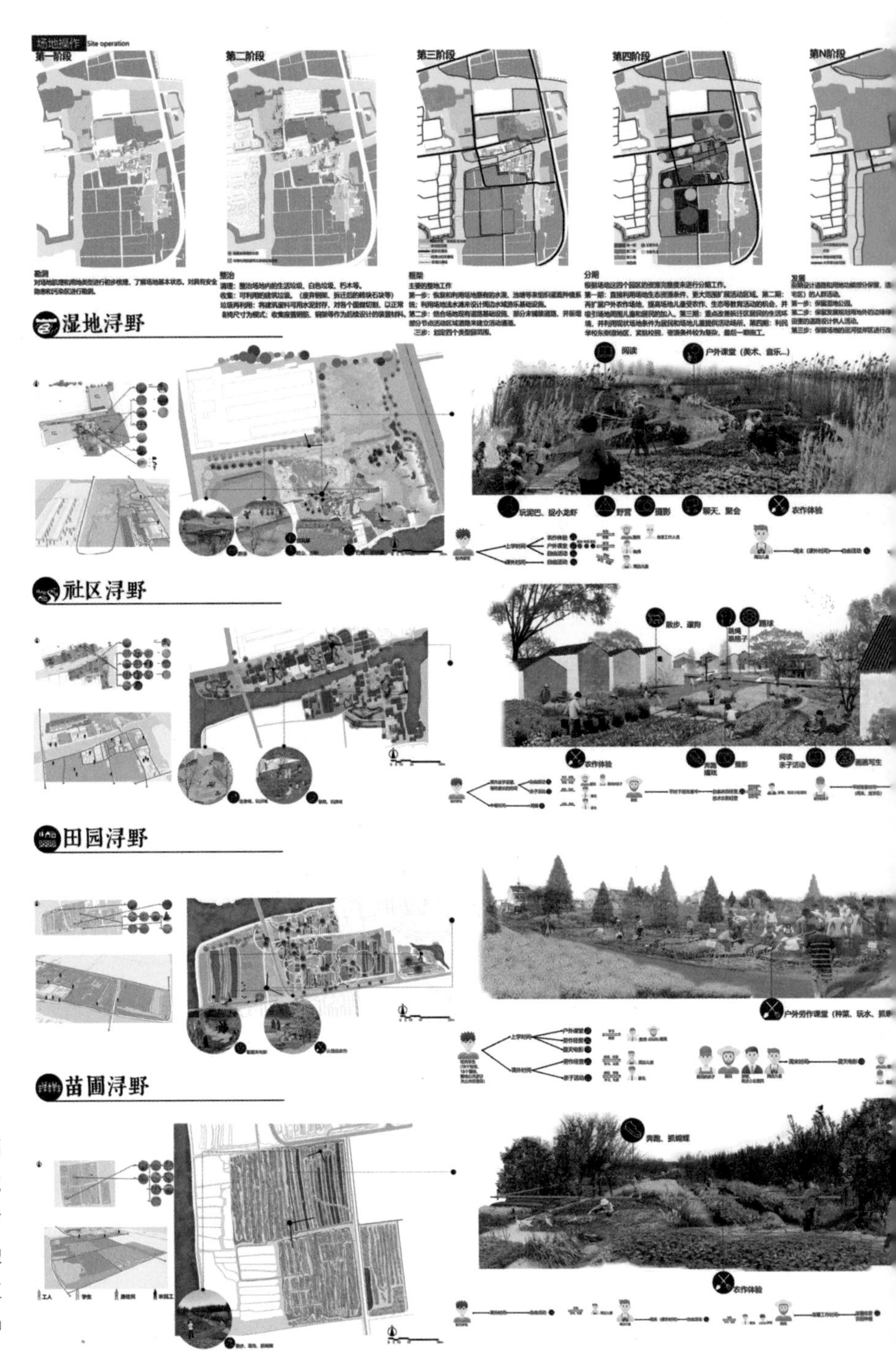

在城市化的进程中，民工子弟学校面临着一个普遍的问题：由于被临时安置，环境得不到保障而呈现脏乱差的现象。我们探讨能否以景观设计的方式介入，利用学校周边闲置场地的现有条件，低成本投入，为民工子弟和周边居民儿童创造一个能够在自然中共同探索、学习、交流的自然天地。

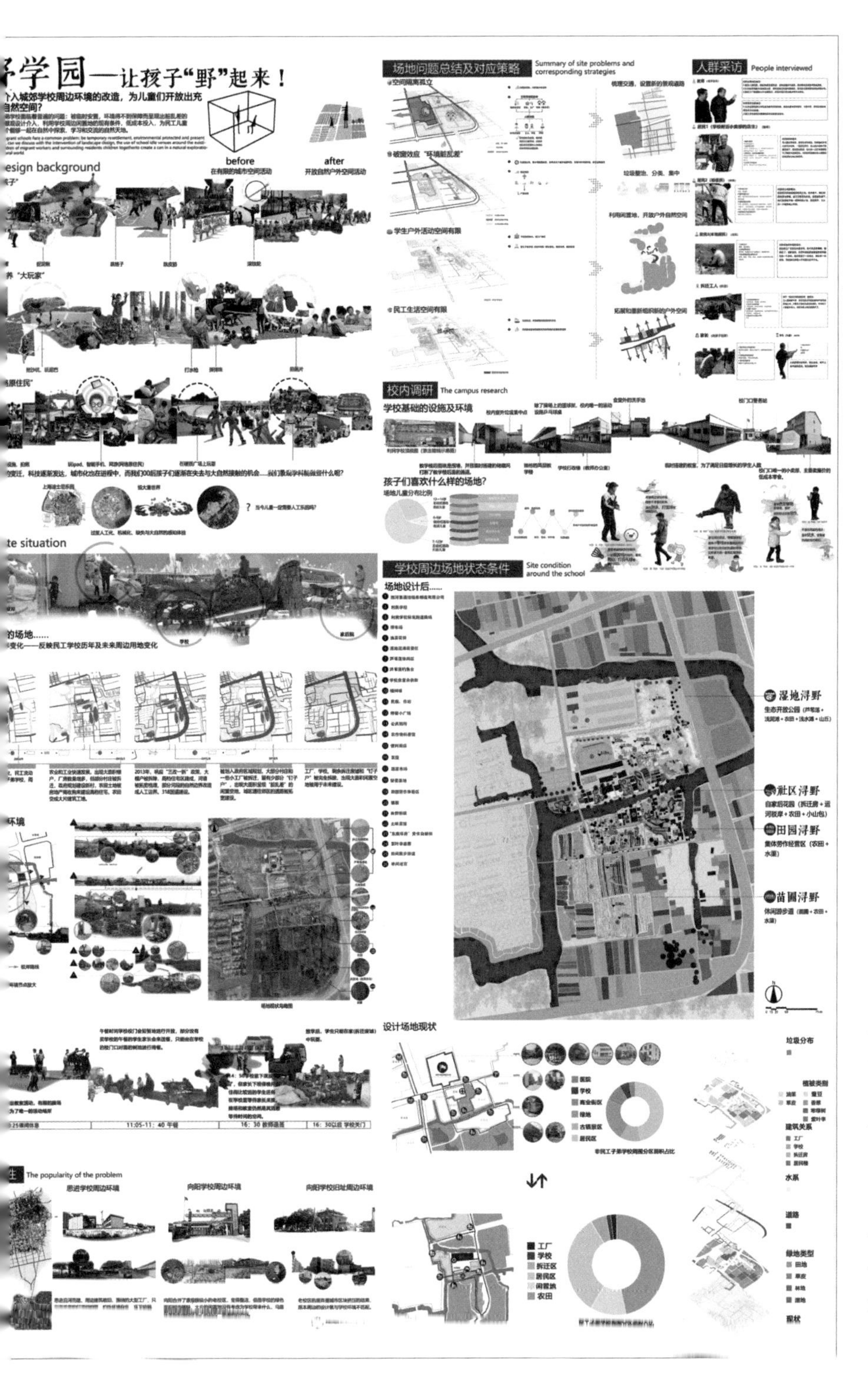

扫码点击“立即阅读”，
浏览线上图片

佳作奖获奖作品
Honorable Mention Awards

作者姓名：刘荣荣
专业年级：风景园林研一
指导教师：曾颖
参赛学校：中国美术学院建筑设计学院

The Filters

扫码点击“立即阅读”，
浏览线上图片

佳作奖获奖作品
Honorable Mention Awards

作者姓名：张津铭　胡阳　王励坤
专业年级：建筑学二年级
指导教师：无
参赛学校：中国矿业大学建筑与设计学院

作为大城市体系的一分子，校园建筑就像一系列的软（硬）件系统——代表软件的部分（人文环境、场所精神等）与代表硬件的部分（建筑实体）存在漏洞与空缺。在翻新改造盛行时，采用修补而非修复是我们的思考内容。高成本及维护难度是现代绿色建筑的痛点。我们审视着人类与建筑最原始的使用与被使用的关系，认为将建筑的投入与实际使用之比压缩至最小也是一种绿色建筑手段，也是绿色建筑的题中之意。

不住人的房子会带来更快的衰老，缺少人文活动的校园正失去应有的魅力。这涉及建筑可持续与建筑原本使用功能的矛盾。我们打算以介入而非改造的方式影响校园，从冲突中得到养分，兼容而非独立，分散却不会受冷落。

路旁冰冷的长椅，被封锁的天台，无人探访的林地……校园内有太多“假死”的空间，它们有的本应供人使用却被封锁，有的能被涉足却不会引起旁人注意，有的可远观而不可踏足。它们孤独地存在却被认为这样理所当然。我们的方案是以一系列名为“滤镜”的圆柱形填补这些空间，装置既可以成为独立的建筑存在，也可以成为一种建筑的治愈构件。

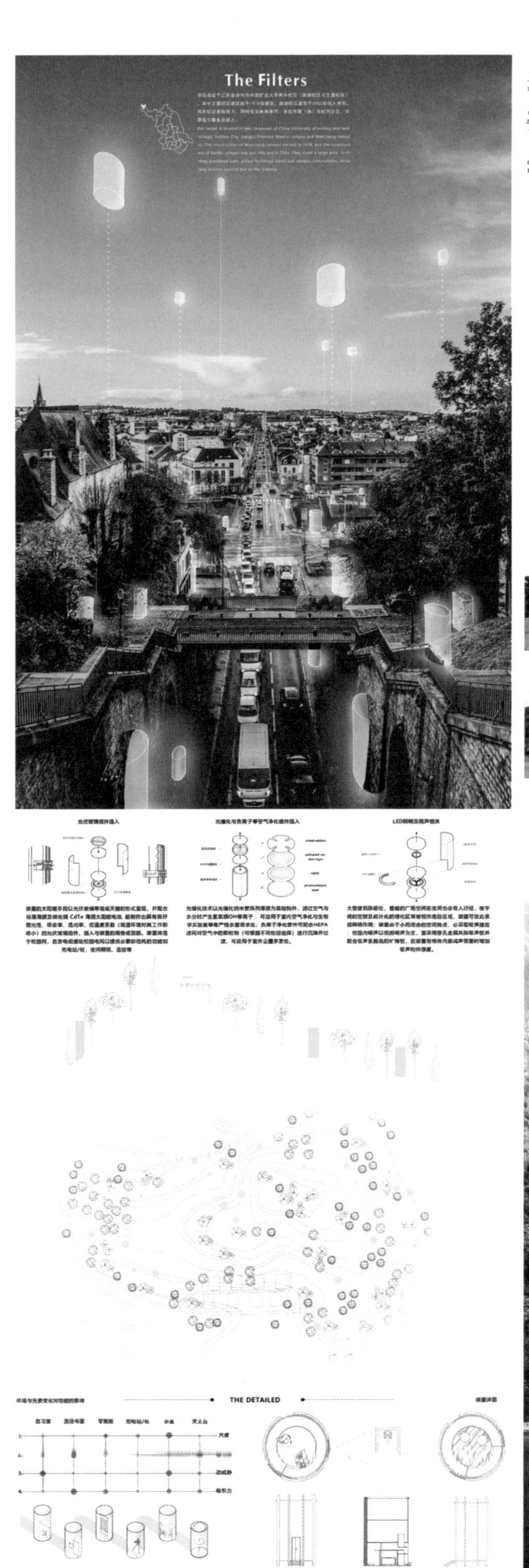
The Filters
THE DETAILED

课题思考 Subject Interpretation
巨人的肩膀 With The Giants
CONCEPTS
SITE ANALYSIS

延文之脉　续绿之园

——苏州大学天赐庄校区改造设计

本设计选址为苏州大学天赐庄校区。但由于建设时间久远，加之当时整体观念以及绿色意识薄弱，该校区在生态、公共基础设施、资源利用以及文化四方面存在着诸多问题，本设计将采用绿色的理念，重点解决这四大方面的问题。

将整个校园划分为探索、融合、开放三大片区，并由一条文化景观纵轴和蓝、绿两条横轴将三个片区串联起来，其中文化景观轴贯穿整个校园，展示校园历史文化，蓝轴和绿轴分别依托校园现状的水体和林荫大道进行优化改造，提升其生态效能。

对破碎绿地进行了重新整合，使得绿地的生态效益最大化；增加可供师生活动的公共空间，完善校园公共基础设施，最大限度地满足校园师生的公共活动需求。

通过整理地形，设置雨水花园、蓄水池、疏通校园内水网等景观措施以及对雨水资源的收集与利用，形成多处集雨水收集、水景观以及生态绿色教育于一体的自然户外课堂，增强师生绿色理念。

重新规划了校园交通流线，依据现状道路人流量分布特点进行了重新组织，使得整个校园流线更加合理。将校园边界打开，与外界社会进行连接，为周边市民提供绿色教育、创新创业等环境，充分发挥校园的社会作用。

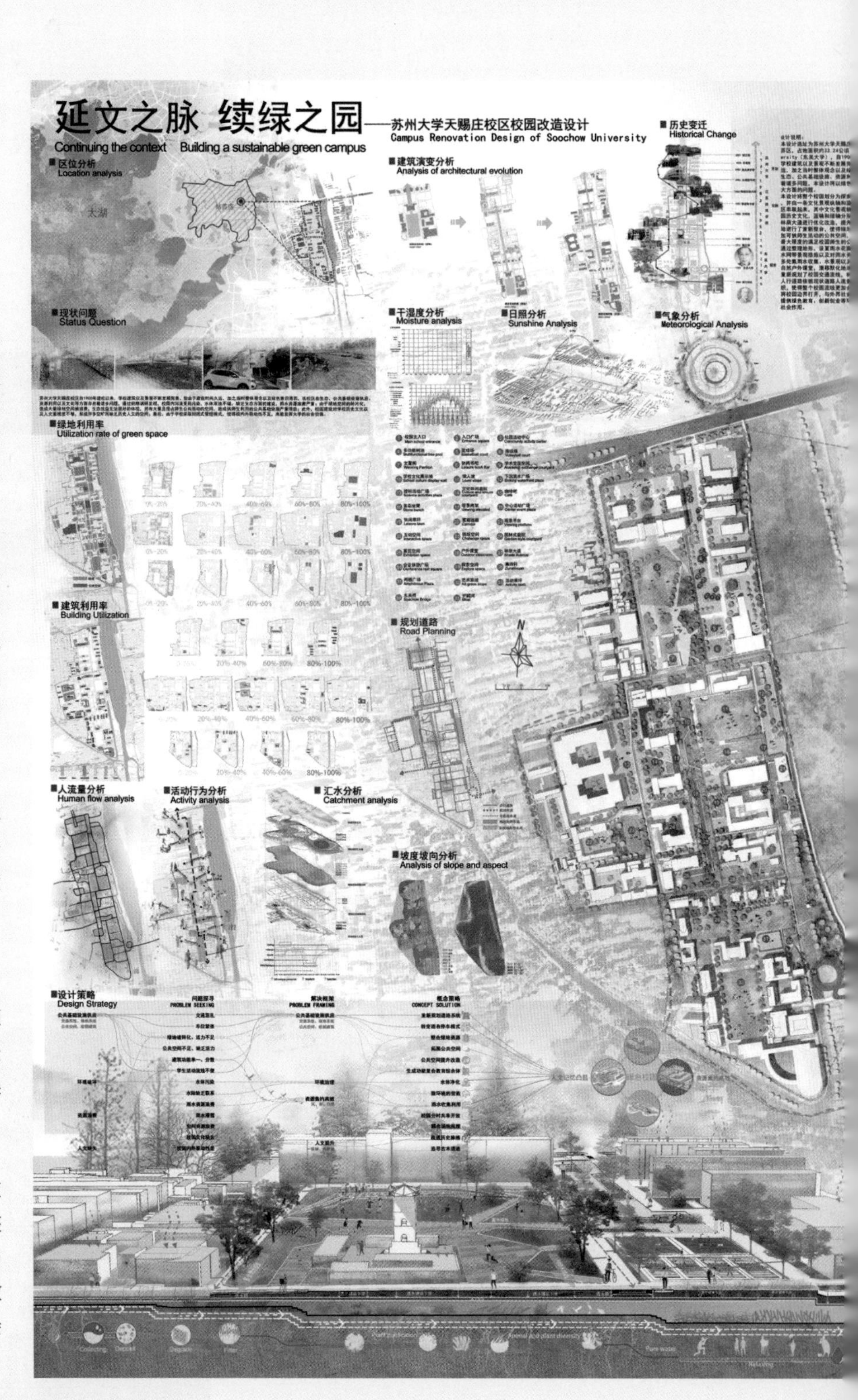

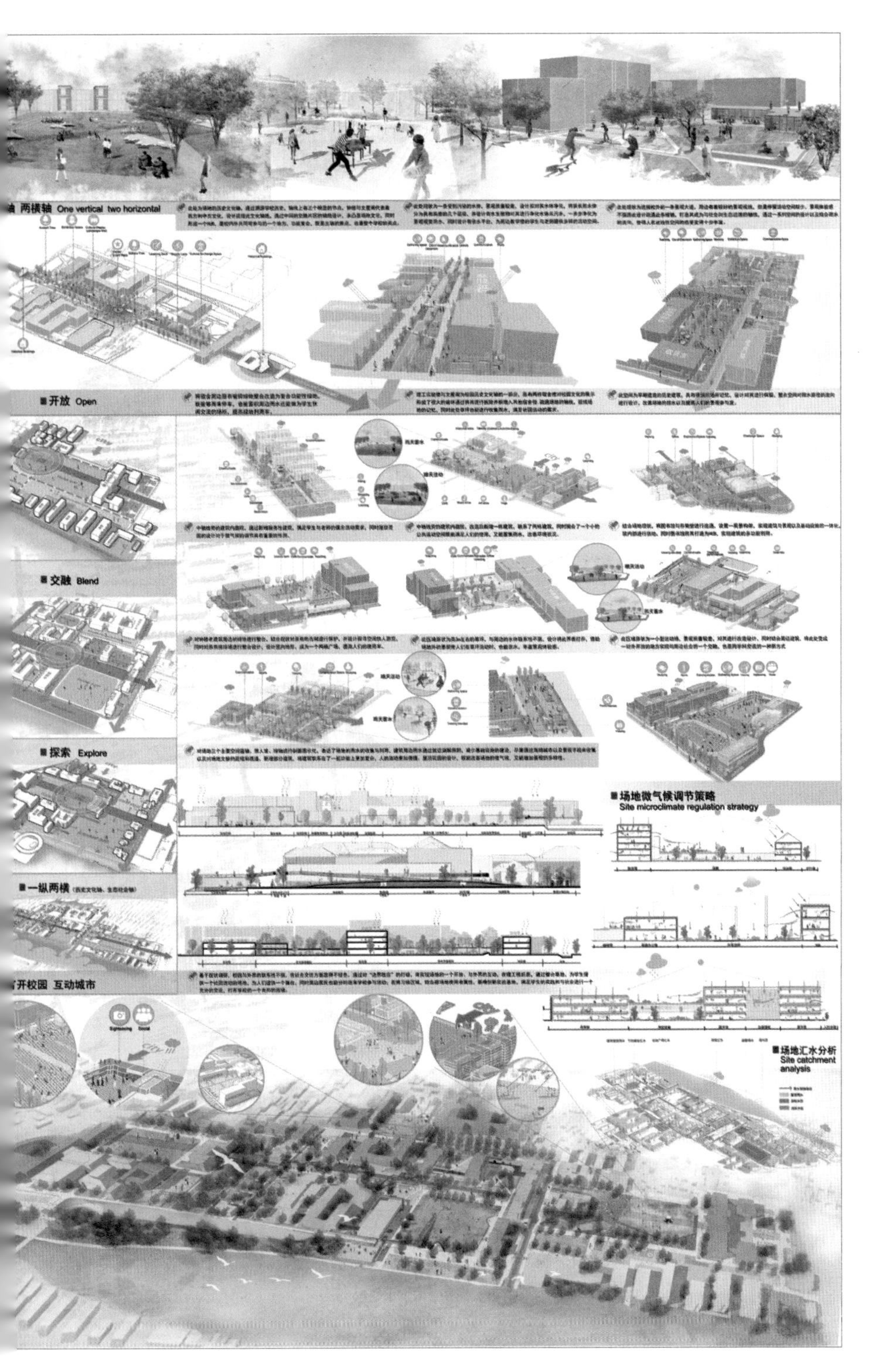

扫码点击“立即阅读”，
浏览线上图片

佳作奖获奖作品
Honorable Mention Awards

作者姓名：罗甲　沈竺莉　徐紫璇　李响
专业年级：风景园林研一　风景园林研二
指导教师：翟俊　刘韩昕
参赛学校：苏州大学金螳螂建筑学院

缝隙衍生

——基于触媒理念的校园夹缝空间重组

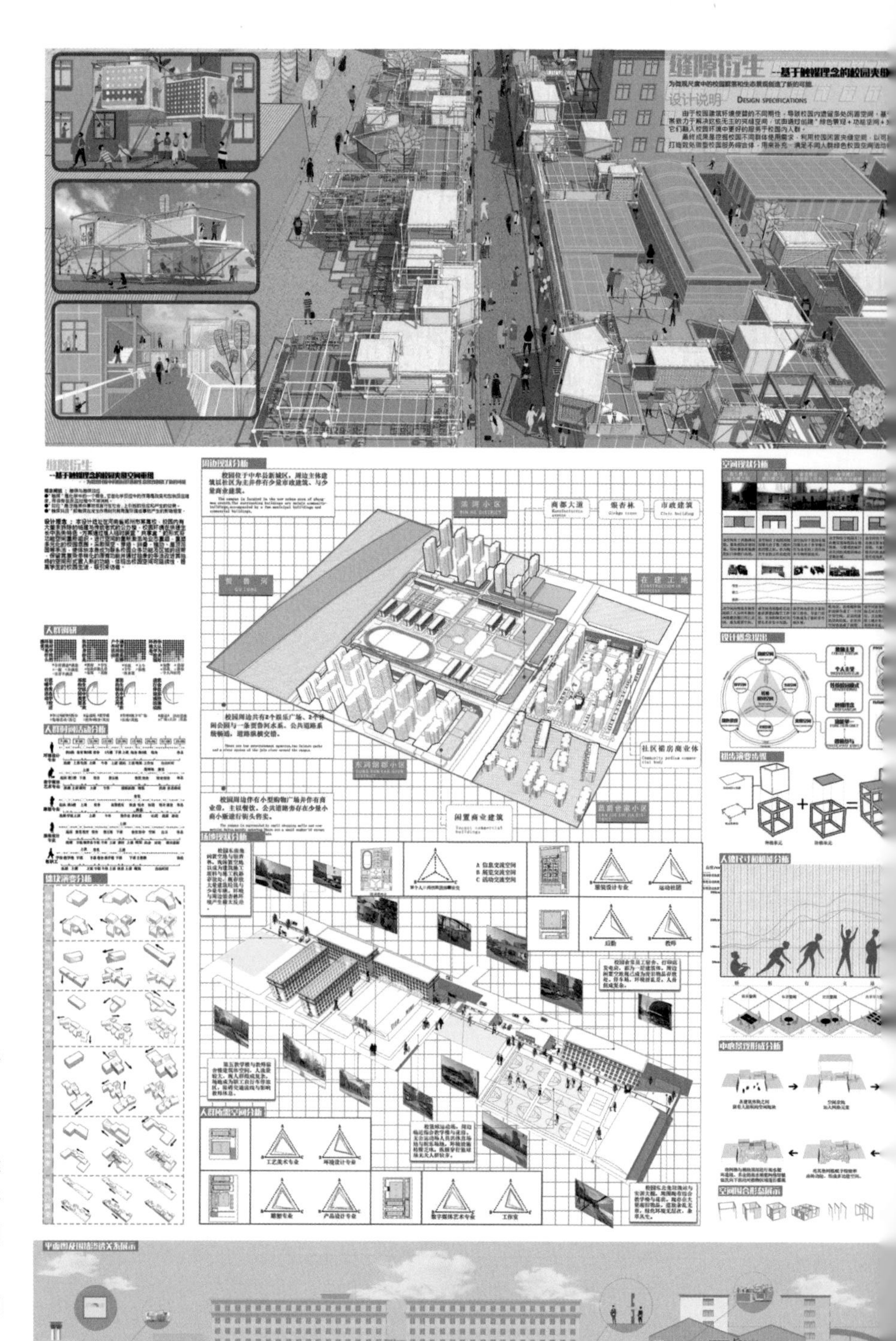

由于校园建筑环境使用的不同期性，导致校园内遗留多处闲置空间。基于上述背景，本次方案致力于解决这些无主的夹缝空间，试图通过创建“绿色景观＋功能空间＋夹缝空间”的形式让它们融入校园环境中，更好地服务于校园内人群。最终成果是挖掘校园不同群体使用需求，利用校园闲置夹缝空间，以可拆卸式装置为载体，打造数处微型校园服务综合体，用来补充、满足不同人群绿色校园空间活动需求。

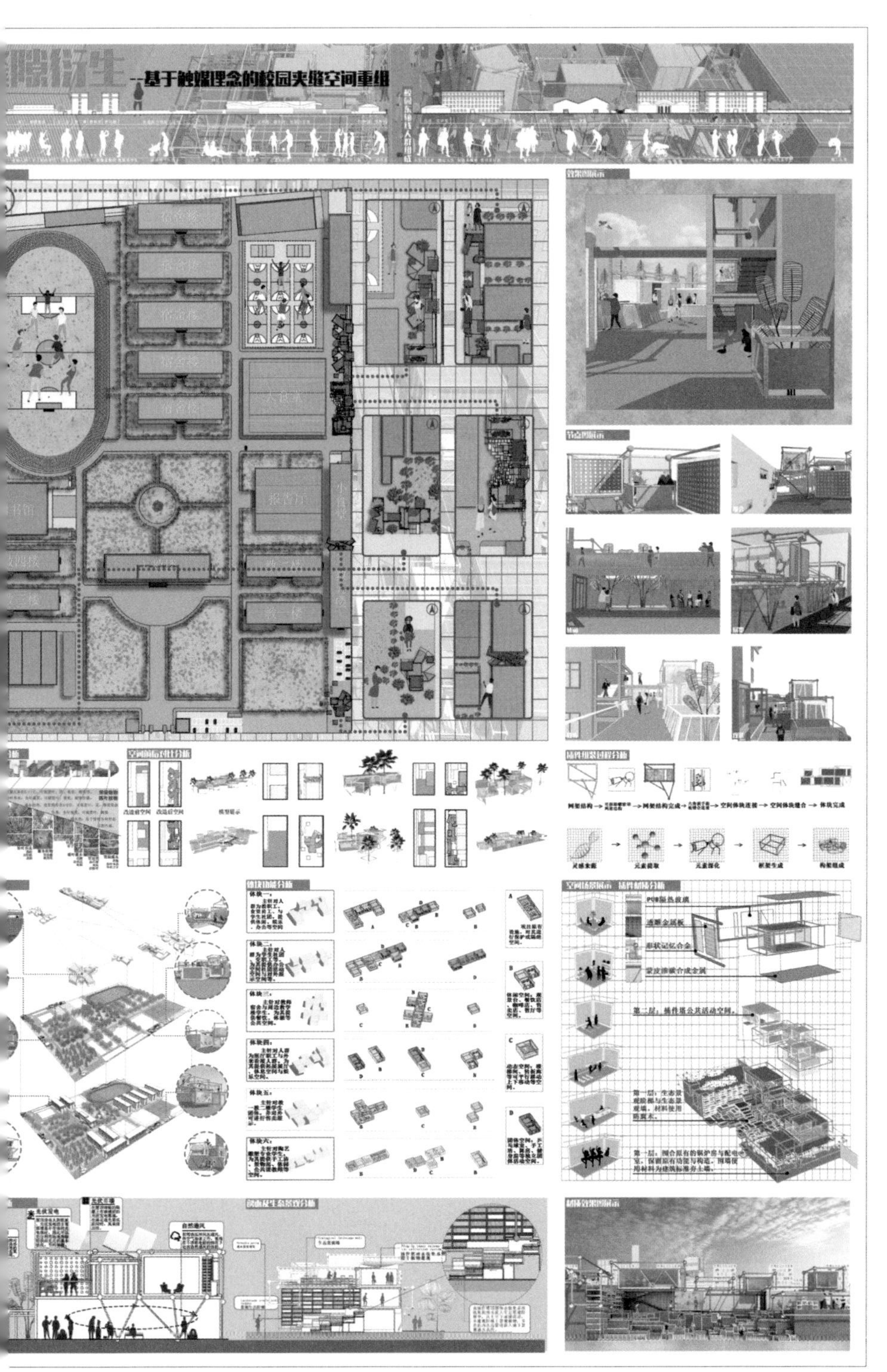

扫码点击“立即阅读”，
浏览线上图片

佳作奖获奖作品
Honorable Mention Awards

作者姓名：任泽恩　刘豫鲁　谢志林　孙亚
专业年级：环境设计（景观）三年级
指导教师：朱红
参赛学校：郑州轻工业大学易斯顿美术学院

“IO” Eco-System
——校园互动装置探索

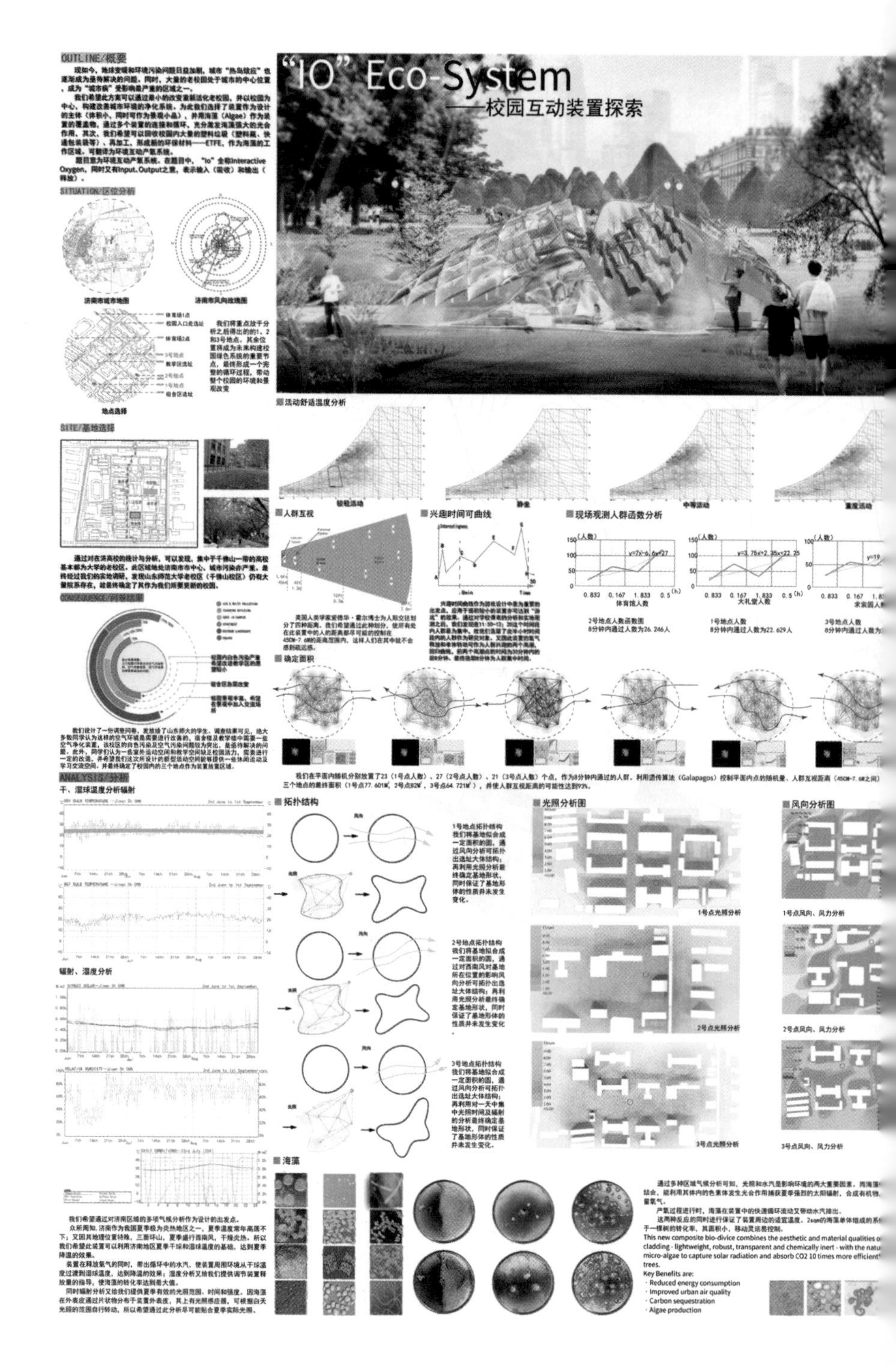

现如今，地球变暖和环境污染问题日益加剧，城市“热岛效应”也逐渐成为亟待解决的问题。同时，大量的老校园处于城市的中心位置，成为“城市病”受影响最严重的区域之一。

我们希望此方案可以通过最小的改变重新活化老校园，并以校园为中心，构建改善城市环境的净化系统。为此我们选择了装置作为设计的主体（体积小，同时可作为景观小品），并用海藻（Algae）作为装置的覆盖物，通过多个装置的连接和循环，充分激发海藻强大的光合作用，其次，我们希望可以回收校园内大量的塑料垃圾（塑料瓶、快递包装袋等）进行再加工，形成新的环保材料——ETFE，作为海藻的工作区域，可翻译为环境互动产量系统。

题目意为环境互动产量系统。题目中，“IO”全称 Interactive Oxygen，同时又有 Input、Output 之意，表示输入（吸收）和输出（释放）。

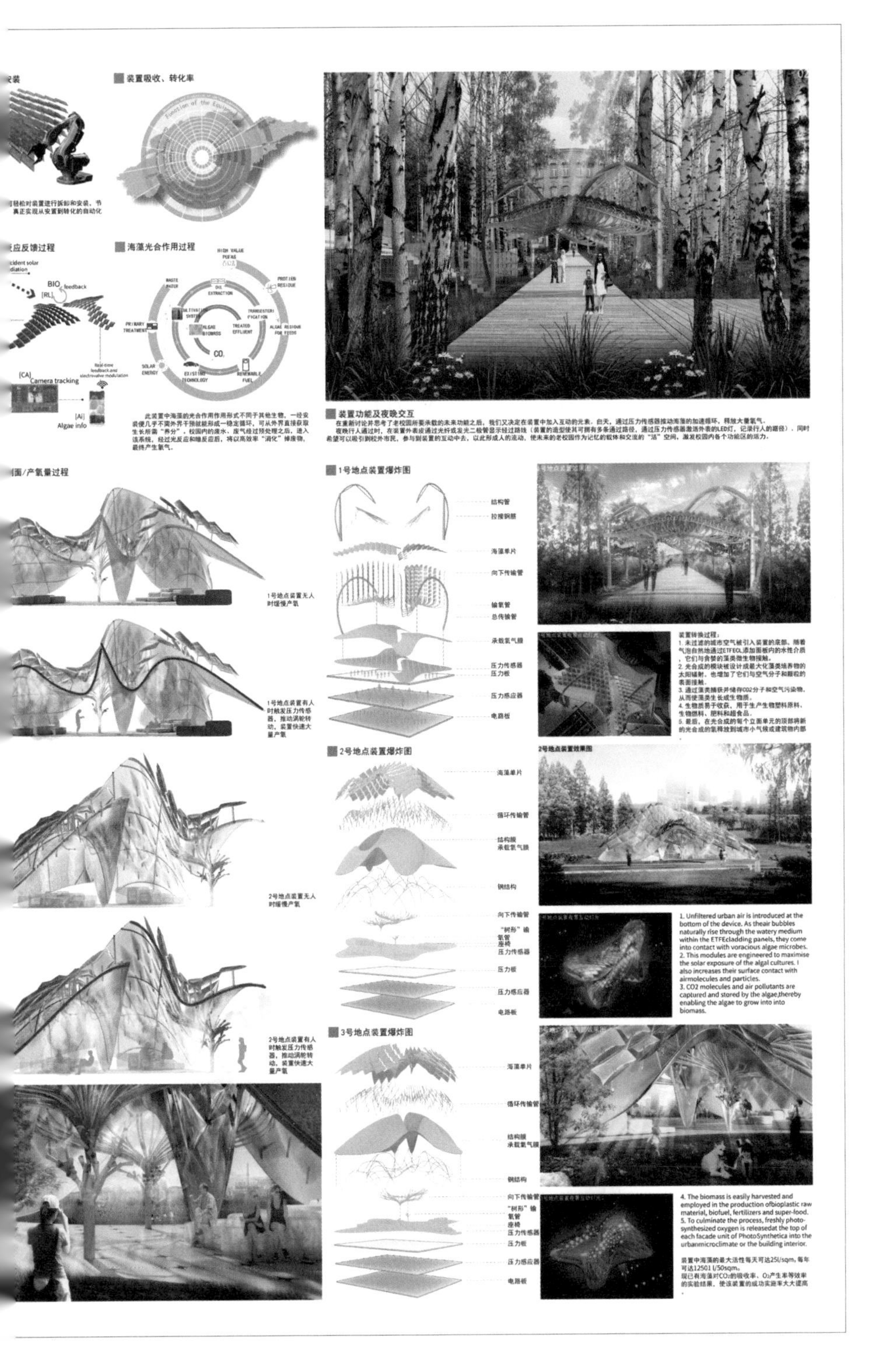

扫码点击“立即阅读”，
浏览线上图片

佳作奖获奖作品
Honorable Mention Awards

作者姓名：韩天昱　施建文　杨婷　李浩强
专业年级：建筑学四年级
指导教师：王洪书
参赛学校：山东工艺美术学院　建筑与景观设计学院

插件世界

——校园存量空间更新计划

扫码点击“立即阅读”，
浏览线上图片

佳作奖获奖作品
Honorable Mention Awards

作者姓名：刘晨蕾　路佳齐　李晓然　李哲
专业年级：建筑学四年级
指导教师：殷俊峰
参赛学校：内蒙古科技大学建筑学院

现有校园用地紧张、功能模式单一，当前空间模式不符合学生对美好学习生活的需求。学校缺少活力难以可持续发展。以内蒙古科技大学为例，针对校园可持续性进行微更新改造，采用绿色“插件”概念，以针灸式手法激活校园“失活空间”。

在空间中营造多感体验，错落空间用多平台小跨度的连接，以此来方便学生游走。增加了绿色空间、学习空间和活动空间，在聚集空间中集合功能激发大量场景。使用中水回用系统、太阳能发电和风力发电系统。学生可通过参观、参与从而了解水、太阳能、风的绿色转化；通过“积分”激励学生维持可持续生活方式。绿色“插件”解决的不仅仅是建筑与技术的问题，也是人与人、人与自然的关系问题。它为可持续的生活方式创造了可能，激发了灰色沉闷的校园“新活力”。

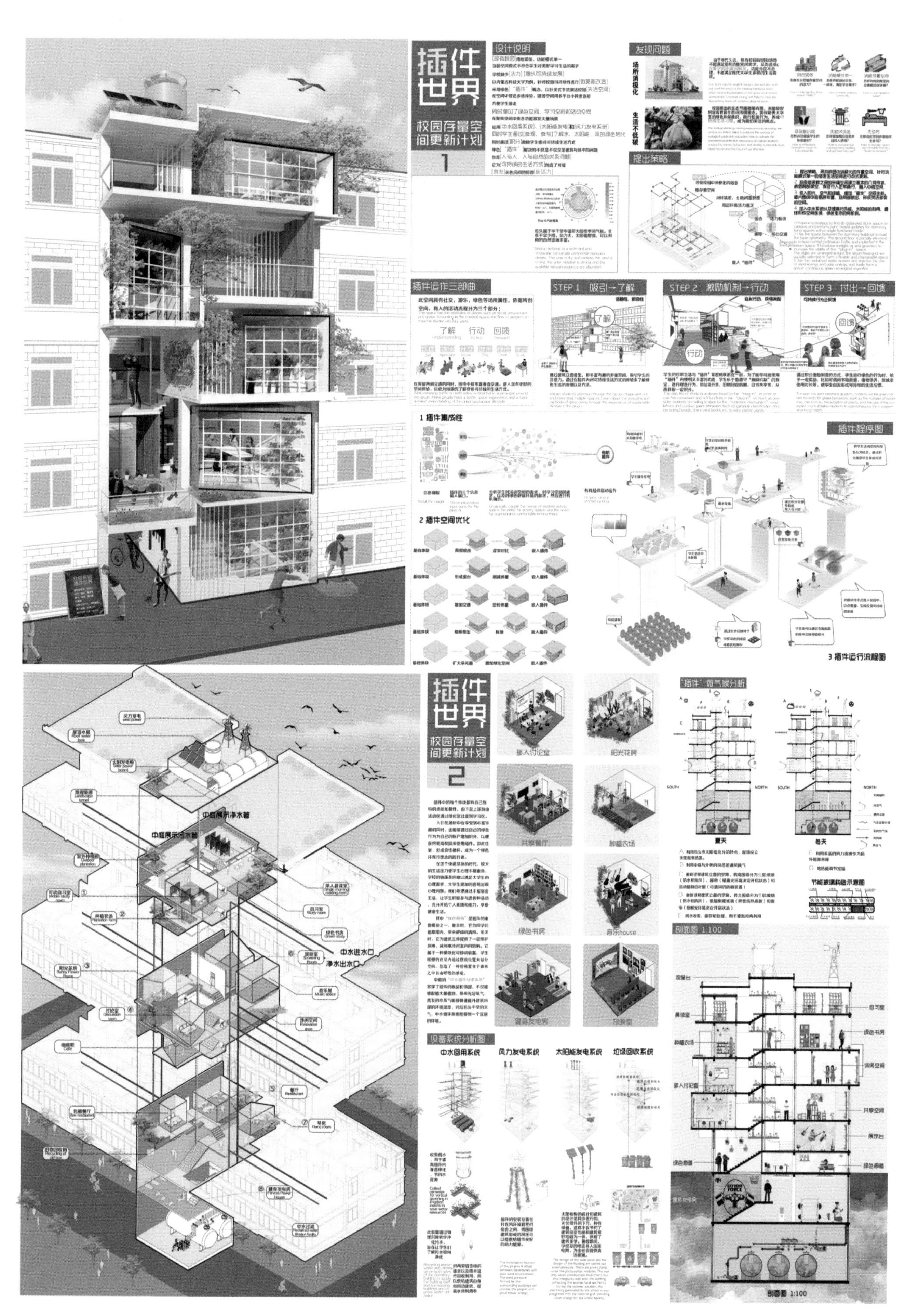
插件世界
校园存量空间更新计划
1
设计说明
发现问题
提出策略
插件运作三部曲
STEP 1 吸引→了解
STEP 2 激励机制→行动
STEP 3 付出→回馈
1 插件集成性
2 插件空间优化
插件程序图
3 插件运行流程图
插件世界
校园存量空间更新计划
2
中庭展示净水器
中水进水口
净水出水口
"插件"微气候分析
多人讨论室
阳光花房
共享餐厅
种植农场
绿色书房
音乐house
健身发电房
放映室
夏天
冬天
节能玻璃构造示意图
剖面图 1:100
设备系统分析图
中水回用系统
风力发电系统
太阳能发电系统
垃圾回收系统
剖面图 1:100

老校园·新集体·新活力

扫码点击“立即阅读”，
浏览线上图片

佳作奖获奖作品
Honorable Mention Awards

作者姓名：胡祯祯　崔秀荣　刘星
专业年级：建筑学四年级　建筑学研一
指导教师：刘磊　李有芳
参赛学校：河北工业大学　建筑与艺术设计学院

此次项目为老校园宿舍楼单体改造，改造对象为河北工业大学南院学生宿舍楼。通过前期调研，发现主要问题集中在三个方面：多样使用需求与宿舍单一功能之间的矛盾、个人生活私密性与公共生活的集体性之间的矛盾、变化的学生数量与不变的空间结构之间的矛盾，于是我们的设计以“新集体主义”为理念，在保证私密性的前提下最大限度地激活使用者之间的共享交流活动，创造彼此交融、有活力的集体生活。在可持续发展方面，结合 SI 住宅体系操作方法，采用主要支撑体保留，填充体模数化更新，管线结合等绿色技术，全面形成了支撑体和填充体完全分离的新型宿舍模式。

通过将 SI 住宅体系中灵活可变的特性与学生宿舍设计相结合，可以满足学生群体对于宿舍建筑的不同需求，发展兼具灵活性与高度工业化技术的建筑。在绿色技术方面，结合经济有效的绿色建筑技术，解决宿舍的采光、通风、保温、节水等问题。

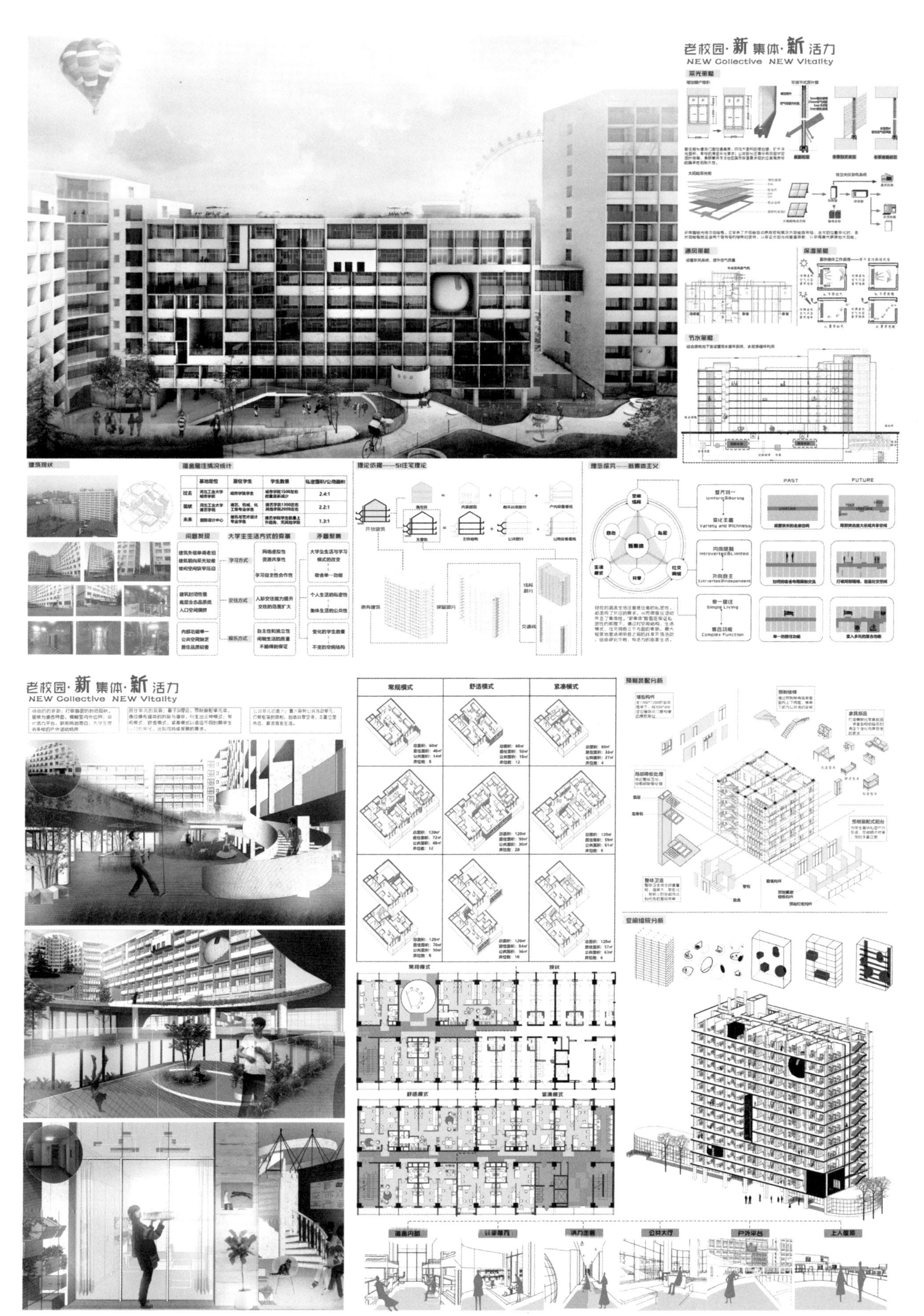
老校园·新集体·新活力
NEW Collective NEW Vitality
建筑现状
宿舍居住情况统计
理论依据——SI住宅理论
理念探究——新集体主义
PAST
FUTURE
老校园·新集体·新活力
NEW Collective NEW Vitality
常规模式
舒适模式
紧凑模式
舒适模式
紧凑模式

折叠之间　向纸而生

扫码点击“立即阅读”，
浏览线上图片

佳作奖获奖作品
Honorable Mention Awards

作者姓名：刘瑞卿　杨晨魁　程茹悦
专业年级：建筑学研一
指导教师：陈喆
参赛学校：北京工业大学
建筑与城市规划学院

本案选址于北京工业大学老校区礼堂前的空地。回顾历史，学校不断南扩，整个校园的活力重心逐渐失衡，北部的老校区陷入没落，我们试图去创造一个建筑物去激发这里的活力，让整个校园更加和谐。

设计的出发点是打造一个能够创造并激发活力的大学生活动中心，打破原有常规设计中单一空间和功能，创造出一个功能、流线、空间三方复合的多维建筑。从模数化出发，把场地划分为一张网格网，避让基地内的树木，得到了最原始的建筑形态，模数化方便了搭建和使用，符合建筑特质。模数功能的重叠和交融以便后期根据功能需求进行再生长，在活动中心设置了研讨空间、报告厅、咖啡厅、社团活动区、放映室、午休室、展览区等空间，可以被灵活布置和使用，学生在其中自由穿梭，交流、学习、休憩，慢慢地形成一种场所记忆。

与此同时要兼顾绿色理念，大学校园里最常见的就是纸张浪费，在此次设计中加入一个能够展现造纸过程的功能区，穿插在建筑的整个形态中，并提供一些有关纸的小活动，如纸张家具、体验造纸、纸质周边等。同时屋顶和结构部分设计了一些有关纸和环保的有趣形态，这样使用者在建筑中会不自觉地受到这种理念影响，以此去唤起大家对纸张浪费的关注，引领一种新的生活方式。

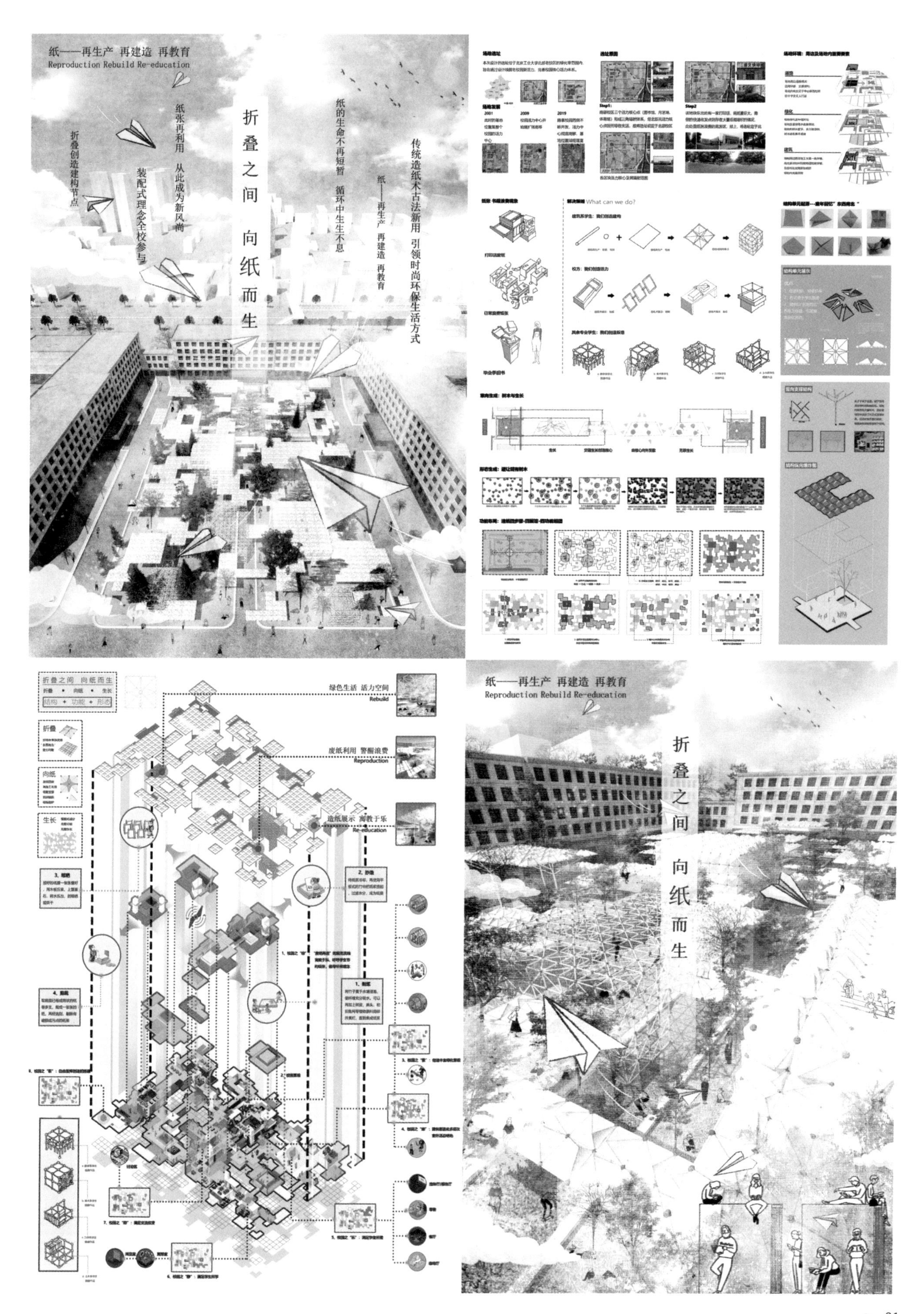
纸——再生产 再建造 再教育
Reproduction Rebuild Re-education
折叠之间 向纸而生
折叠创造建构节点
纸张再利用 从此成为新风尚
装配式理念全校参与
纸的生命不再短暂 循环中生生不息
纸——再生产 再建造 再教育
传统造纸术古法新用 引领时尚环保生活方式
折叠之间 向纸而生
绿色生活 活力空间
Rebuild
废纸利用 警醒浪费
Reproduction
造纸展示 寓教于乐
Re-education
纸——再生产 再建造 再教育
Reproduction Rebuild Re-education
折叠之间 向纸而生

追光游学

——光介入、动空间下的建筑学院改造

老的建筑学院教室固定单一，教学中缺乏师生互动，跨年级跨专业交流。老的建筑学院中，光环境较差，部分教室产生眩光，影响同学们创作设计。更新改造之后，分布更为均匀的光线介入教学模块；在中庭中的光线更有效率地传达到底层公共空间。在光线的调控下，新教室模式的引导使得教学方式与学生交往方式产生改变。随之带来的，是由使用者与环境之间的互动产生的动态空间。在对空间与自然光的高效利用中，我们找到新的教学与交往方式，为旧校园旧学院注入新活力。

通过对建筑学院自内而外的改造，引导同学们发展可持续生活方式，同时提高人们对建院作为社区场所的感知。

建院——光容器中，光线悸动，经历短暂的稳定和流动，分配到不同空间中。师生将在这个光的容器中穿行，受到光线魅力的指引，光线和人们交互，成为了互相之间的过渡。

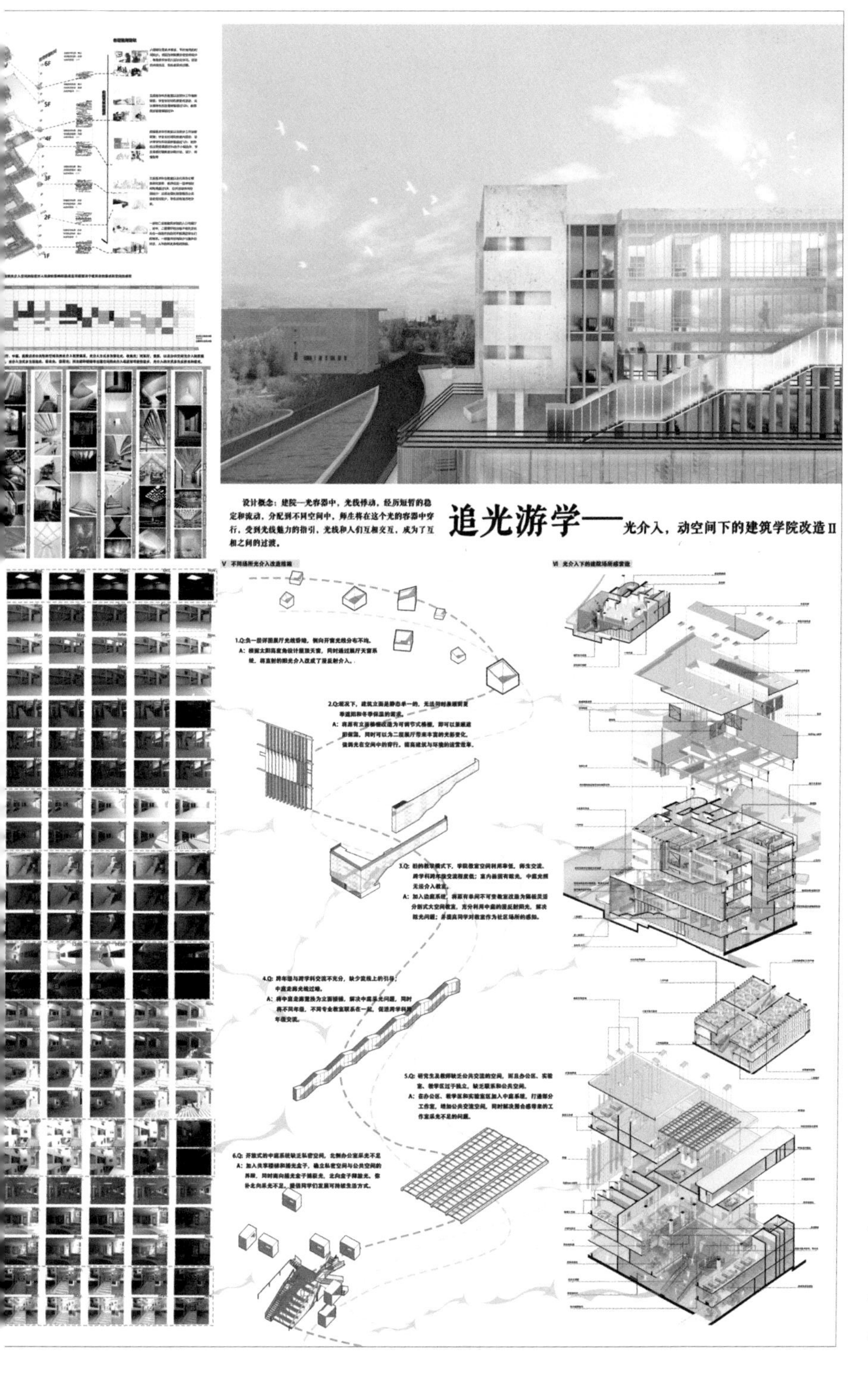

扫码点击“立即阅读”，
浏览线上图片

佳作奖获奖作品
Honorable Mention Awards

作者姓名：孙克难　邹雅眉
专业年级：建筑学四年级
指导教师：薛思寒
参赛学校：郑州大学建筑学院

ETFE 在绿色校园中的应用

——以建筑学院改造为例

本方案提出新型材料 ETFE 在绿色校园建筑中的几种应用策略，并对现有气候条件和老建筑风光热进行分析。针对郑州大学建筑学院现状一些不足和需求，运用 ETFE 材料结合绿色改造手段，针对立面表皮、中庭形式、屋顶系统、水系统与绿化系统，使几个系统共同协作，达到使老教学楼展现新活力，更加适应绿色校园的目的。从而为老校园建筑改造提出新的可能性，以及为新材料的普及应用提出新的展望。

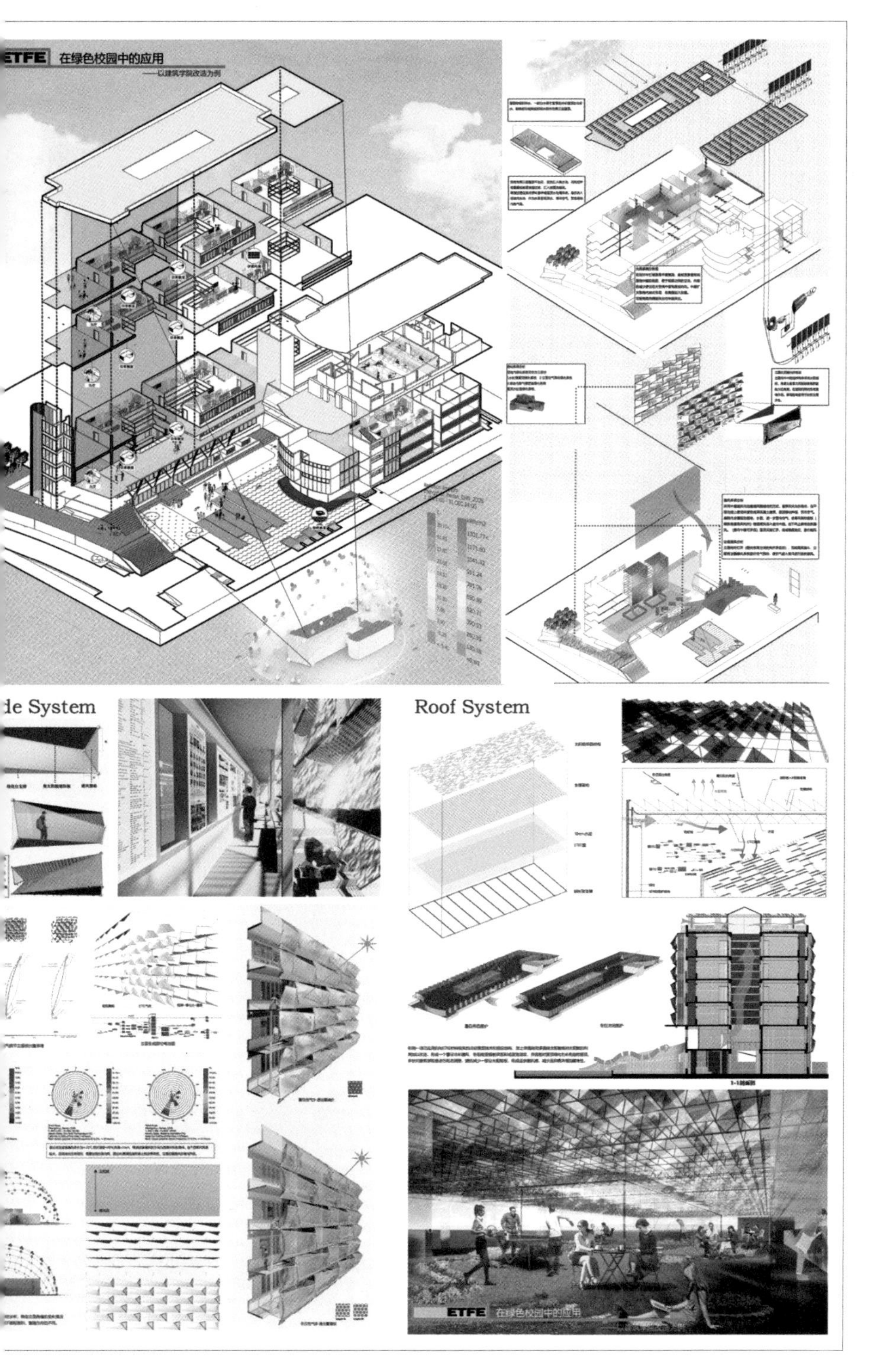

扫码点击“立即阅读”，
浏览线上图片

佳作奖获奖作品
Honorable Mention Awards

作者姓名：郝玉珍　吴悦
专业年级：建筑学四年级
指导教师：唐保忠
参赛学校：郑州大学建筑学院

5A 校园

——融合理念下未来绿色校园设计

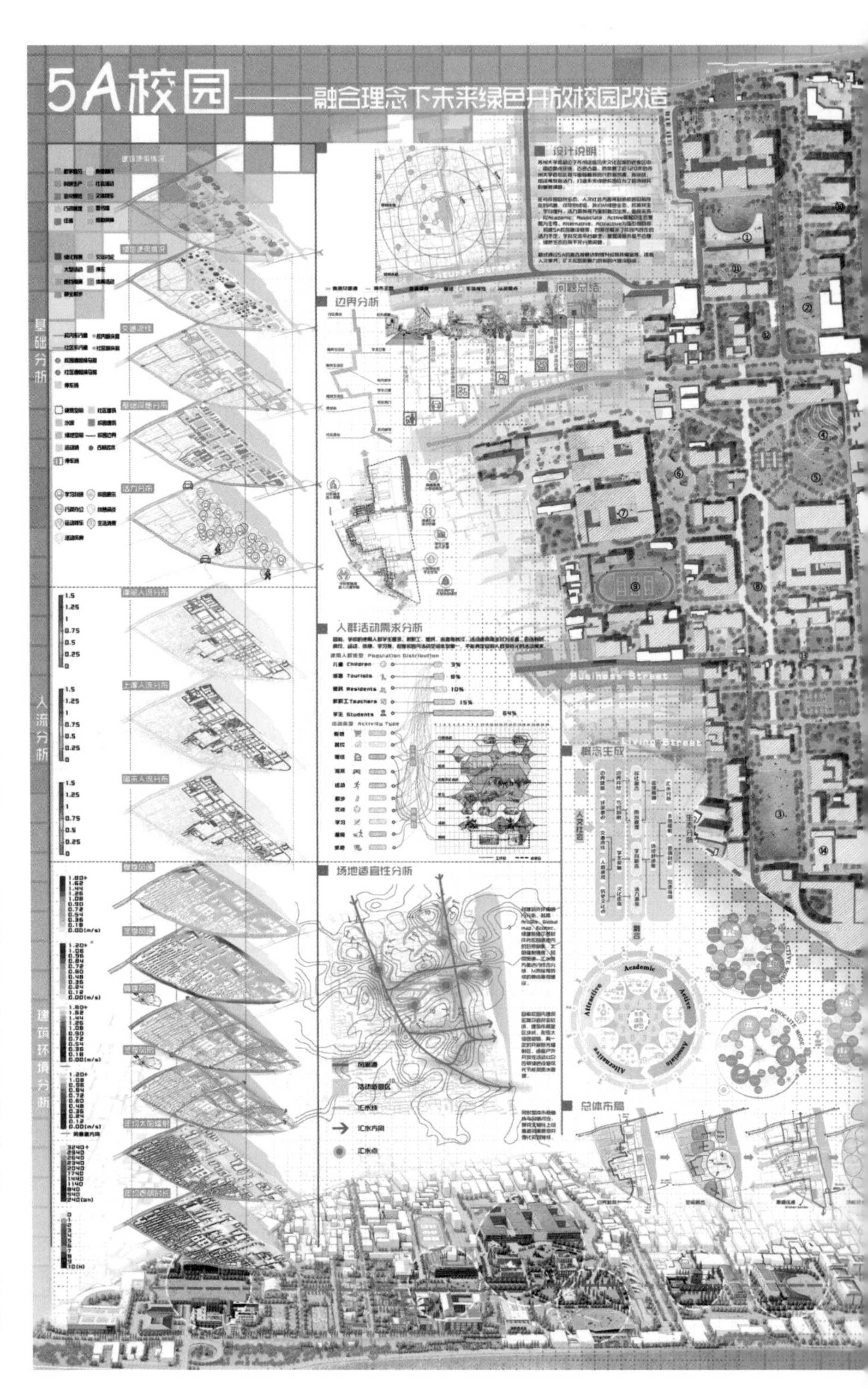

苏州大学本部位于苏州这座历史文化名城的老城区中，周边景点环绕，古色古香。发展了近 120 年的苏州大学老校区如今面临着新时代的新机遇、新挑战，如何焕发新活力，打造未来绿色校园成了亟待研究的重要课题。

在对校园自然生态、人文社会等方面剖析校园目前存在的问题详尽总结后，我们从绿色生态、校城共生、学科提升、活力激发等方面的融合出发，面向未来，以 Academic、Associate、Active 策略及生态策略为主导，Alternative、Attractive 为指引和目标，构建“5A 校园建设框架”。创新性解决了校园内存在的活力不足、学科交流平台缺乏、基础设施布局不合理、绿色生态应用不充分等问题。

最终通过“5A”的融合发展达到提升校园环境品质、提高人文素养、扩大校园影响力的新时代建设目标。

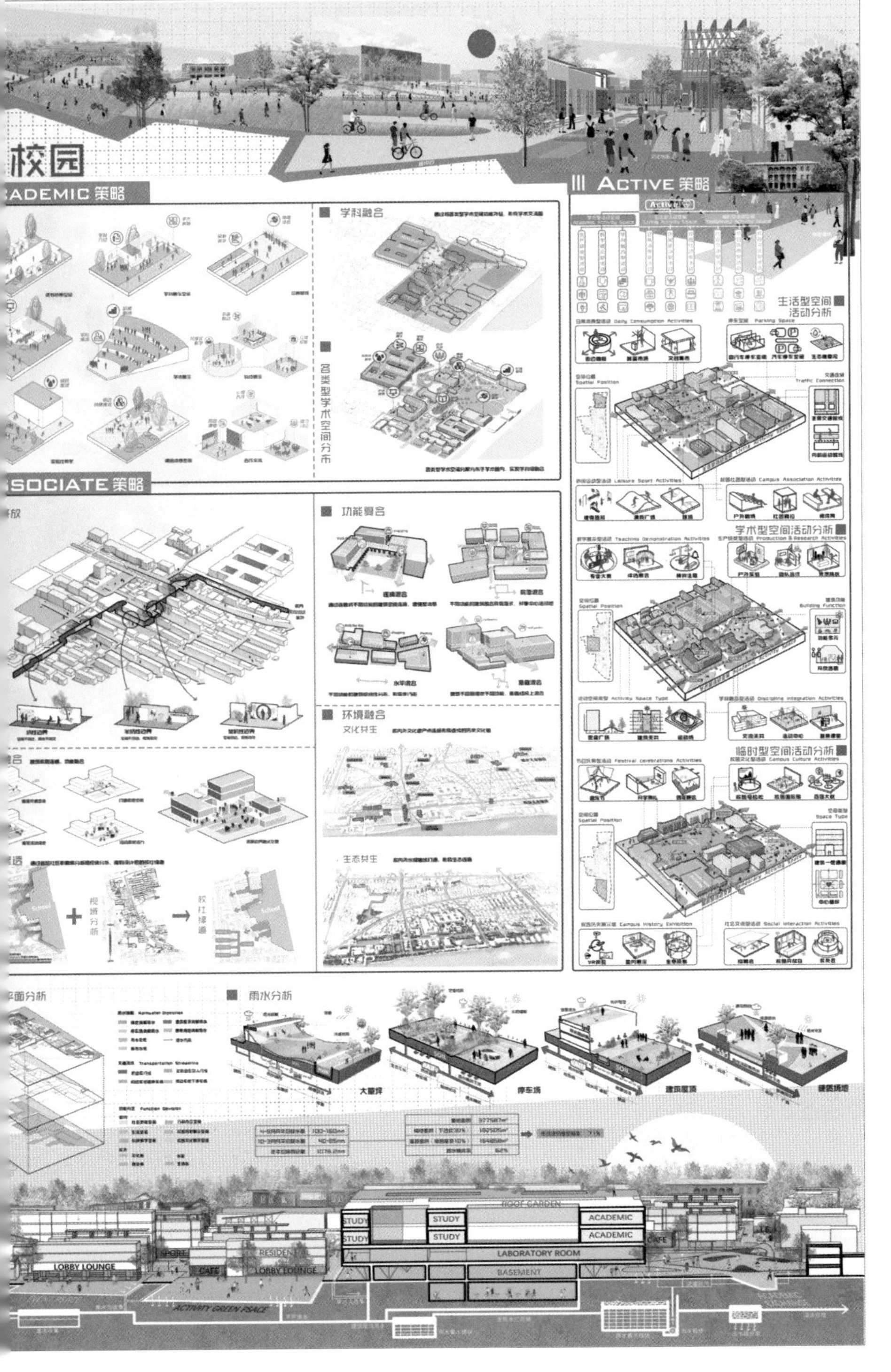

扫码点击“立即阅读”，
浏览线上图片

佳作奖获奖作品
Honorable Mention Awards

作者姓名：叶怀泽　文清　葛楠楠　任敬
专业年级：风景园林研一
指导教师：翟俊
参赛学校：苏州大学金螳螂建筑学院

青色怀旧

扫码点击“立即阅读”，
浏览线上图片

佳作奖获奖作品
Honorable Mention Awards

作者姓名：王鸿都　赵顺尧　陈光香　熊翊宇
专业年级：建筑学五年级　建筑学四年级
指导教师：温泉　崔倩
参赛学校：重庆交通大学建筑与城市规划学

重庆交通大学青楼已有将近 70 年的历史，从外观上来看它已经过时了。建筑的外观有一些与中国传统建筑不一样的地方，被称为“仿苏式建筑”，即借鉴了苏联建筑的风格。左右呈中轴对称，平面规矩而具备“三段式 ”结构。它位于校园的边界，一面是朝气蓬勃的大学校园，另一面则是靠近教师公寓，教师公寓住着的大多是曾经在公路学校任教过的老教师。我们希望通过青楼的改造设计能够让学校里面的青年学生和校外附近的老教师在这里都能有很好的体验。同时，利用好校园环境的资源，挖掘出校园老建筑的“新活力”。

青色怀旧 Cyan Nostalgia
风环境分析
东南向屋顶年度累计日辐射可视化分析
全年温湿度立体分析
太阳辐射分析
降水分析
被动式策略分析
建筑现状
改造逻辑
总平面图
青楼的历史
场地分析
校区取景器——"寻找者"
剖透视
三维技术分析图
绿色技术信息列表
一层平面图
二层平面图
三层平面图
700mm Planting Roof
青色怀旧 Cyan Nostalgia

LANDFORM：REUSE

LANDFORM：REUSE PART1

EASTERN CAMPUS OF SOOCHOW UNIVERSITY - THE HEART PLAN OF THE CAMPUS
苏州大学东校区 校园主景区规划

场地坐落于江苏省苏州大学本部东校区，东吴门的中轴线穿其而过，两旁是各个时代的教学楼，建筑风格复杂多样。我们希望再尽可能保留并不破坏原有环境的前提下，对场地地形重塑，对水系统、植被、地形进行综合考虑，重新利用场地的空间，使其更具可利用性。

This site is located in Suzhou University, Jiangsu Province, the east campus. The middle axis of Dong Wumen through it, on both sides of the teaching buildings of various eras, architectural style complex and diverse. We hope to retain as much as possible without destroying the original environment, reshape the terrain of the site, and comprehensively consider the water system, vegetation, and terrain. Reuse the space of the site to make it more usable.

SITY ANALYSIS 场地分析

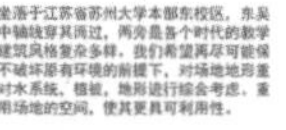

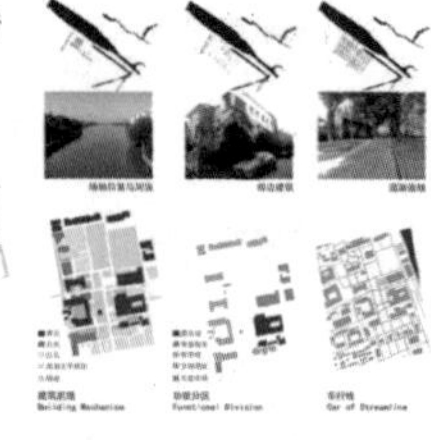

ENVIRONMENTAL ANALYSIS 环境分析

我们尝试使用grasshopper等模拟软件，通过建模对现有环境进行模拟，模拟出日照和风环境，为地形塑造提供一定的方向，尽可能选择在适宜的日照和最佳风速区域进行。

We try to use simulation software such as grasshopper to simulate the existing environment through modeling, to simulate the sunshine and wind environment, to provide a certain direction for terrain shaping, and to choose as much as possible in the appropriate sunshine and best wind speed area.

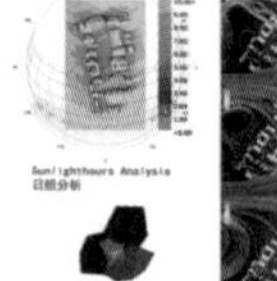

EXISTING SITY ISSUES 场地现有问题

建筑废料存在安全隐患，场地之间缺乏联系；场地功能单一，不能满足多样的需求，从而导致地面车辆无序停放，室外休憩场所缺失，场地缺少完整的雨水收集系统，利用率不高

There are hidden safety hazards in the construction waste, and there is a lack of connection between the sites. The site functions are single and cannot meet various needs, which leads to the disorderly parking of ground vehicles, the lack of outdoor recreation places, the lack of a complete rainwater collection system on the site, and the utilization rate is not high.

THE HEART PLAN 主景区总平面图

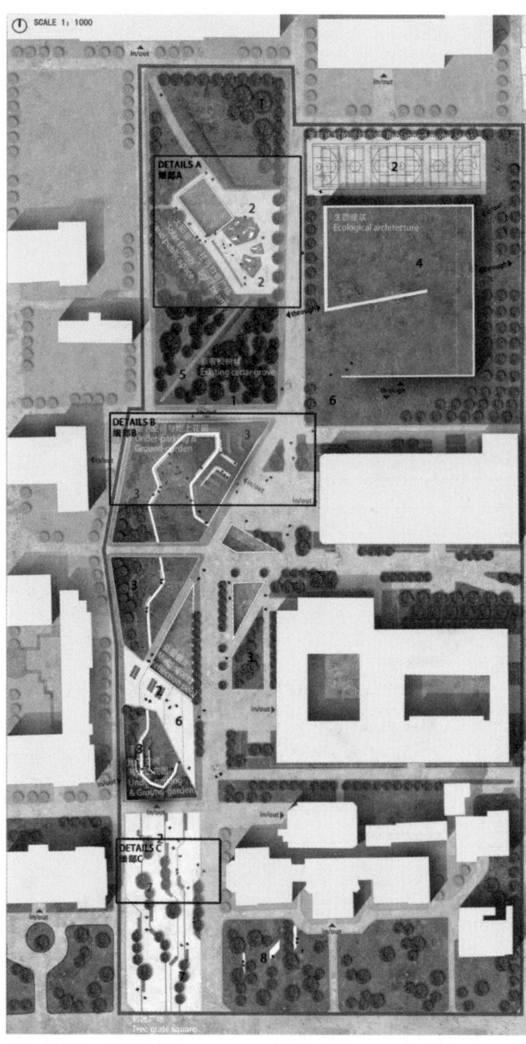

场地面积：41363m²
建筑面积：31444m²
建筑密度：23.38%
容积率：76.02%
绿化面积：21025m²
绿化率：50.83%
水域面积：643m²

Sity area：41363m²
Construction area：31444m²
building coverage：23.38%
FAR：76.02%
Landscaping area：21025m²
Landscaping ratio：50.83%
Water area：643m²

1.过滤树林 Filtering groves
2.渗透铺装 Penetrated paving
3.雨水花园 Rainwater garden
4.屋顶绿化 Roof greening
5.生态草沟 Bio-swale
6.雨水收集 Rainwater collection
7.过滤树池 Filtering tree grate
8.滞留凹地 Detained depression

REUSE ANALYSIS & LANDFORM 再利用分析与地形重

现有环境
Exsiting Environment

A 重新梳理建筑物之间，建筑和场地之间的关系，对原有道路适当进行调整，将分依据；对建筑废料进行清理和再利用，赋予原有区域新的功能。
A Re-sort the relationship between buildings, buildings and sites, appropriat original roads, and use the analysis as the basis for site planning; clean u struction waste, and give the original areas new functions.

水系统
Water System

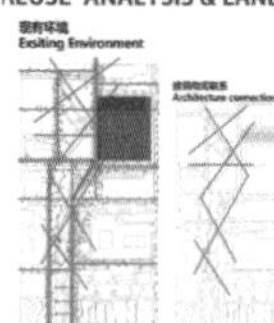

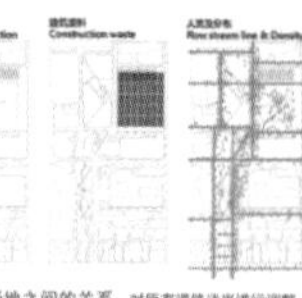

B 对水系统重新梳理，使场地内部的雨水收集可以和两个方向的水系有更进一步的沟改造，让雨水净化和收集效果得到进一步提升。
Reorganizes the water system part, so that the rainwater collection inside t communicate with the water system in two directions, and at the same time, o micro-terrain transformation, the rainwater purification and collection effe proved.

植被密度
Vegetation Density

植被高度 Vegetation Height

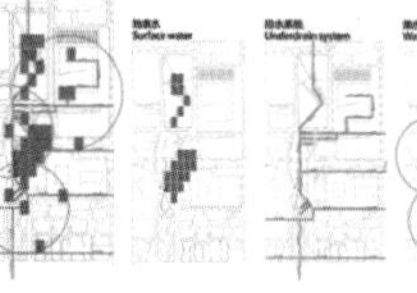

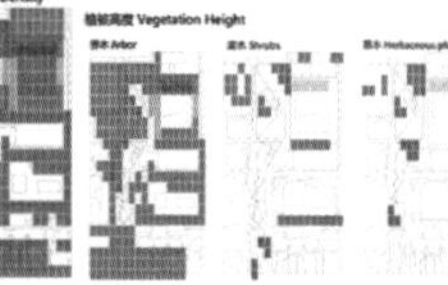

C 在保留大部分原有植被的同时，增加新的植被种类；梳理场地缺失的功能，重新计中进行重新安排植入，调整场地单一功能，地上部分增添灯光广场，水景，休憩广部设置半地下空间，应对地面上杂乱摆放的车辆，减少潜在隐患。
While retaining most of the original vegetation, add new vegetation types. ing functions of the site and re-arranged, reshape the terrain, and implante ning and design. Adjust the single function of the site, add light squares, rest squares, rain gardens, etc. on the ground part, and set up semi-underg to deal with vehicles on the ground and reduce potential hidden dangers.

场地位于江苏省苏州大学本部东校区的主景观区域，在这个建筑风格复杂、树林密布的场地里，我们通过调研发现场地自行车停放不足、雨水利用率低、缺少室外的休息区域多项问题需要被改善。对此我们希望在尽可能不破坏原有场地风格与气氛的前提下，对原有场地的地形做出改造，并对水系统、植被以及所需创造的地形做出综合考虑。重新利用场地空间，使其更具有可利用性。

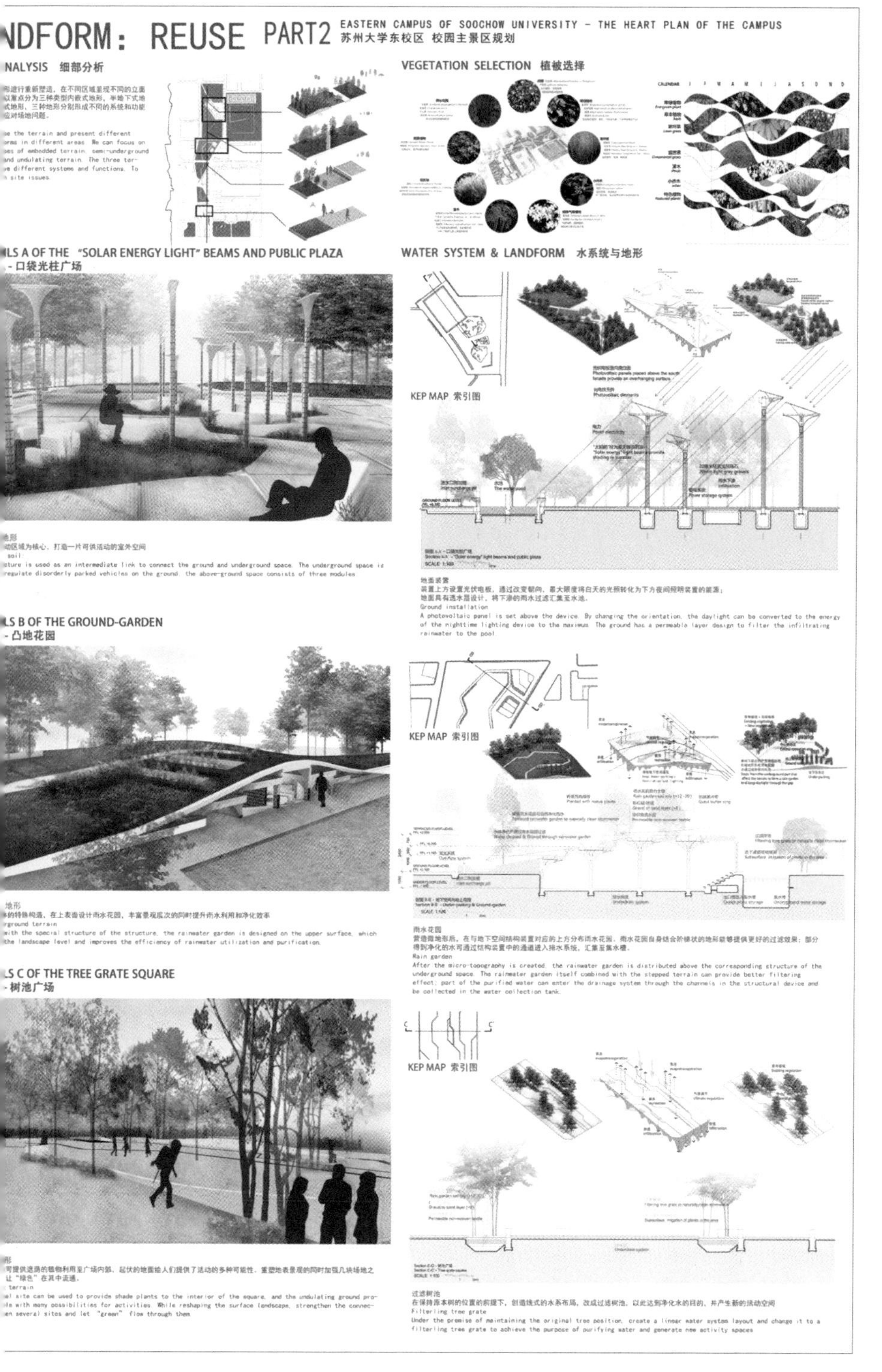

扫码点击“立即阅读”，
浏览线上图片

佳作奖获奖作品

Honorable Mention Awards

作者姓名：熊煜　桂博文　王昊　赵鑫鑫
专业年级：风景园林三年级　建筑学三年级
指导教师：严晶　孙磊磊
参赛学校：苏州大学金螳螂建筑学院

言田里

——绿色校园阅赏空间构想

项目基地是基于河南省某高校东校区的一个校园预留地块，毗邻校园教学楼、餐厅宿舍楼，交通便利。建筑结构为钢筋混凝土框架结构，建筑材料为绿色建材。

整体的外立面造型依据留出的空地块，做出了向内收进的圆柱形状，顺应地势所建的建筑则是对场地的尊重。四面围合的中庭形式，中间为休息交流区，围绕着一个以绿色节能为主、美观为辅的构筑物展开。外立面采用参数化开窗，符合概念设计的要点。

一个绿色建筑首先应该是尊重自然，尊重地块，尊重自然风貌；其次要考虑一些采光通风节能的有关方向，这样才是一个好的绿色建筑，并不只是一些计算或者节能手段。因为建筑首先应该与自然相处得融洽了，才是一个好的建筑。

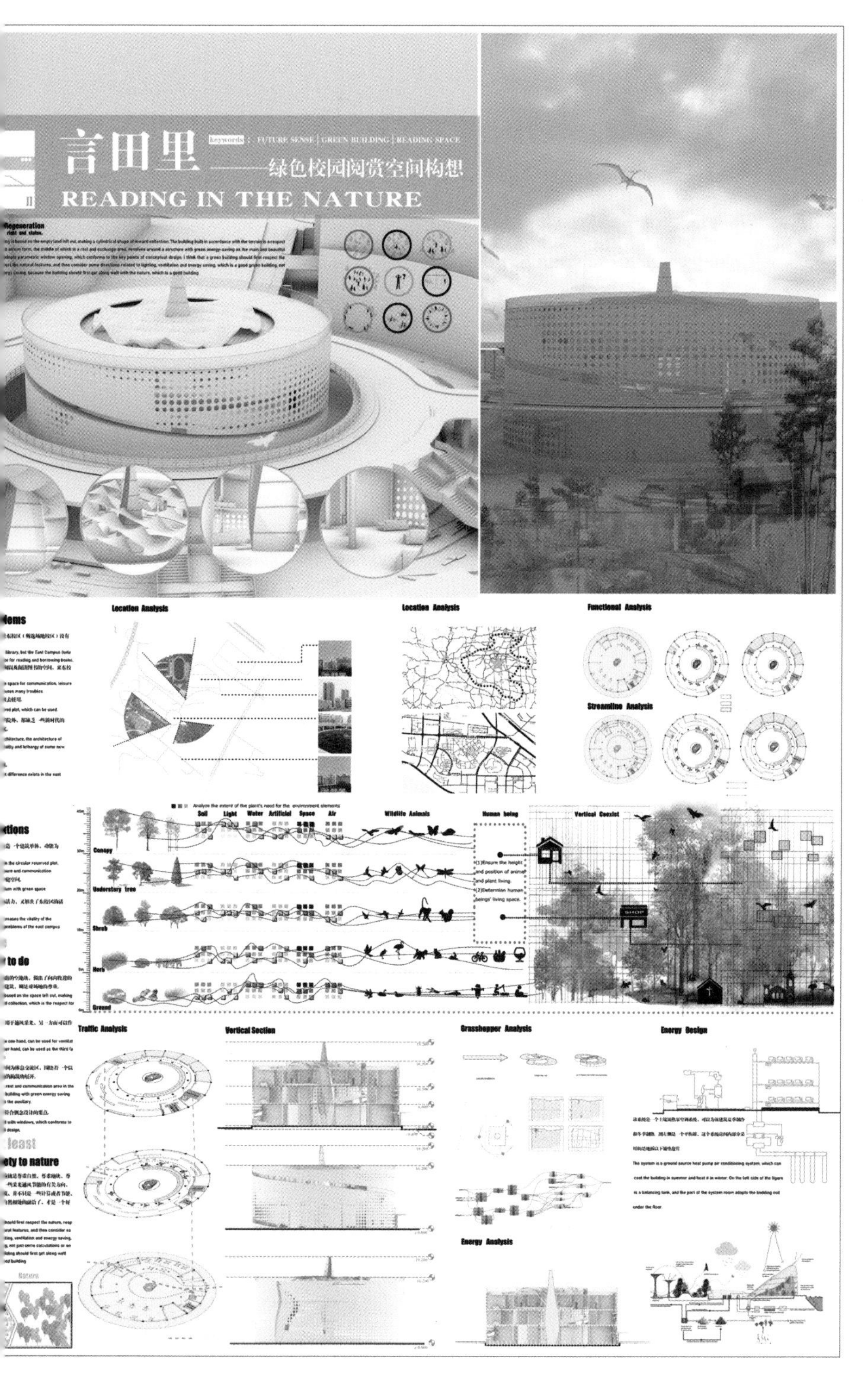

扫码点击“立即阅读”，
浏览线上图片

佳作奖获奖作品
Honorable Mention Awards

作者姓名：梁林涛　赵硕　熊艳玲
专业年级：建筑学三年级　建筑学四年级
　　　　　能源与动力工程三年级
指导教师：张小迪
参赛学校：河南城建学院
　　　　　建筑与城市规划学院
　　　　　能源与建筑环境工程学院

复苏

扫码点击“立即阅读”，
浏览线上图片

佳作奖获奖作品
Honorable Mention Awards

作者姓名：徐兴雅　尹一然　赵梦圆　屈苗苗
专业年级：建筑学四年级
指导教师：赵珉　孙勇
参赛学校：皖西学院建筑与木工程学院

本设计以“以人为本”的可持续绿色校园发展为理念，以“复苏”校园活力为目标。因校园面积较小，无横向发展空间。我们本着节约场地、创造新空间的原则，利用闲置屋顶，在校园屋顶上进行竖向生长，以框架与板状模块相组合，将模块滑动推拉在框架之间，创造不同大小的共享空间，注入校园所缺少的使用功能，激励学生成为校园环境的可持续发展的参与者。

在框架的模块中置入太阳能、下沉式绿地、侧面花坛等绿色建筑元素以及屋顶花园，使建筑最大限度地与自然融合，创造可观赏、可使用、可节能的绿色建筑，使能源得到循环利用。该设计虽为校园建筑，却使老城区多了一处绿色，同时也做到了和附近居民一起分享绿色光景。设计使小校园也有大空间，老校园也有新活力，复苏校园旧日光彩，使其重获新生。

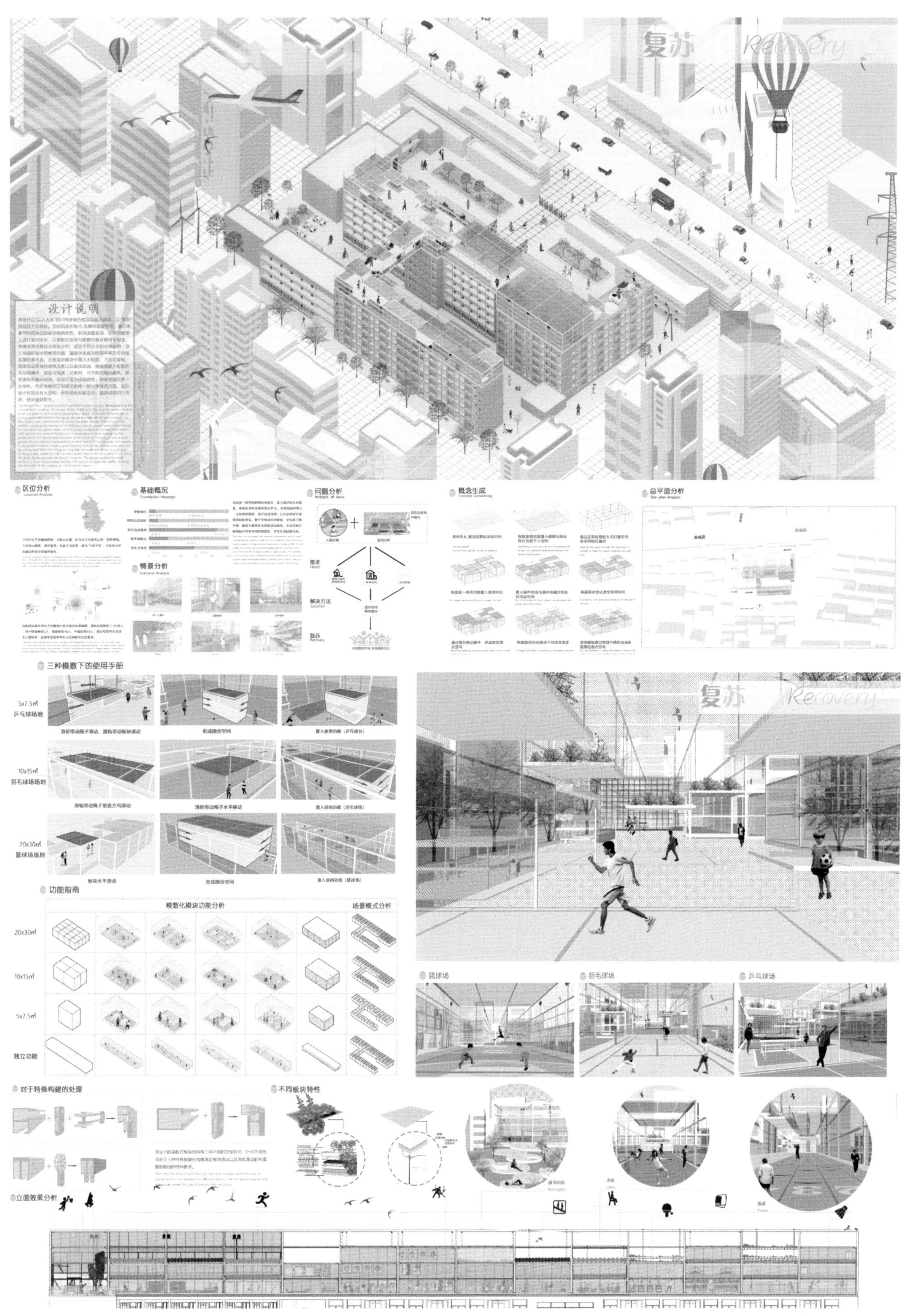

复苏 Recovery
设计说明
区位分析
基础概况
问题分析
概念生成
总平面分析
情景分析
三种模数下的使用手册
5x7.5㎡ 乒乓球场地
10x15㎡ 羽毛球场场地
20x30㎡ 篮球场场地
功能指南
模数化模块功能分析
场景模式分析
独立功能
篮球场
羽毛球场
乒乓球场
对于特殊构建的处理
不同板块特性
立面效果分析

Zoonic Talk

——天津大学卫津路校区生物吸引计划

扫码点击“立即阅读”，
浏览线上图片

佳作奖获奖作品
Honorable Mention Awards

作者姓名：李涵璟　顾阳　刘雅心　李致
专业年级：风景园林研一
指导教师：许涛　胡一可
参赛学校：天津大学建筑学院

本次设计地位于天津大学卫津路校区，由于校区历时已久，建筑、水系驳岸、植被都呈现出人工化较重的痕迹，缺少生态性设计。以此为出发点，进行了生态性改造设计，力求将这套植物——建筑——雨水的处理系统打造为生态型设计模板，以大面积适用。

本次设计主题为“Zoonic Talk——天津大学卫津路校区生物吸引计划”。以生物吸引为最终目的，构建生物栖息地。生物栖息地的构建有两个层次，一个是水平层面的构建，一个是垂直层面的构建。水平层面构建行人活动空间、绿地空间，创造出充满活力的校园空间。垂直层面构建为：屋顶花园——生态格栅——生物沉淀池——生态驳岸。充分考虑不同生态位的生物吸引问题，创造和谐、完整的小生物圈。

生物栖息地的构建是通过植物系统，建筑系统和雨水处理系统的相互作用耦合，最终实现燕子、麻雀、蝴蝶、猫、青蛙、鱼类等动物的吸引计划，提升场地内物种数量，稳定小生态系统，创造出充满活力的新型生态校园空间。

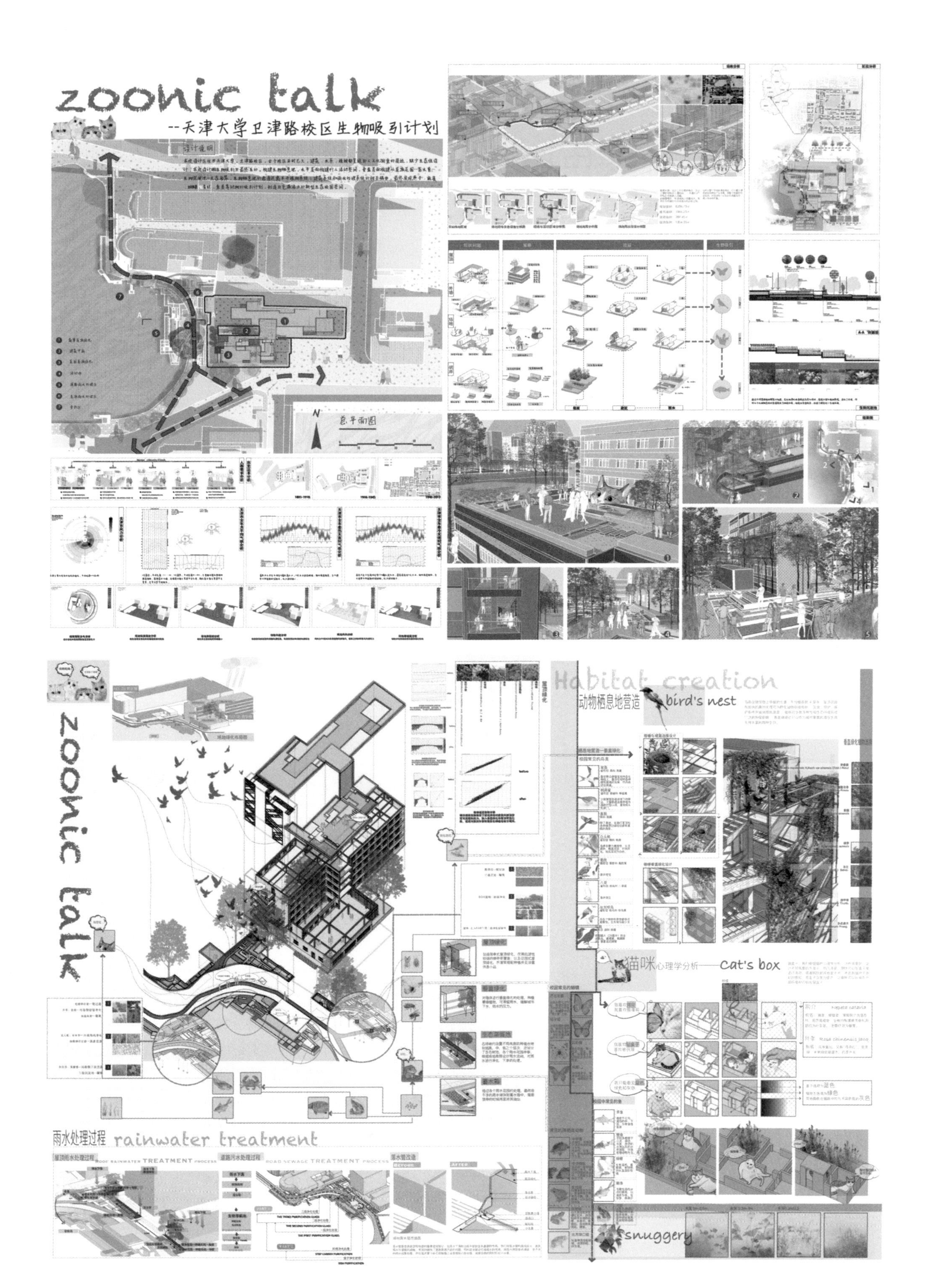
zoonic talk
--天津大学卫津路校区生物吸引计划
设计说明
总平面图
zoonic talk
Habitat creation
动物栖息地营造
bird's nest
猫咪心理学分析——Cat's box
snuggery
雨水处理过程 rainwater treatment

界面·活力

——建筑学院绿色更新

扫码点击“立即阅读”，
浏览线上图片

佳作奖获奖作品
Honorable Mention Awards

作者姓名：张怡翔　康宇新
专业年级：建筑学四年级
指导教师：韦峰
参赛学校：郑州大学建筑学院

功能空间改造方面：我们通过改造建筑学院教学楼内部空间使其更加符合当下教学模式和教学环境，开放公共空间使各个专业都可以参与，从而在展现建筑学院专业特色的同时也能激活建筑及周围环境的活力，唤醒人们对于校园作为社区场所的感知。

老建筑绿色改造方面：我们在尊重原有建筑的基础上，不只是给老建筑“穿了件衣服”。对于处在夏热冬冷地区的老建筑改造，需要同时考虑到夏季散热和冬季保温措施。我们根据建筑每个立面的改造内容的不同，采取“立面改造＋新建功能”的方式：南立面采取“隔热＋公共空间”的方式形成“夏季打开，冬季关闭”的阳光间；屋顶面采取“空气层＋光伏发电”的隔热屋顶；北立面采取“双层玻璃＋净水装置”构造；东西立面采取“防晒墙＋教室休息室”，形成垂直绿化墙。

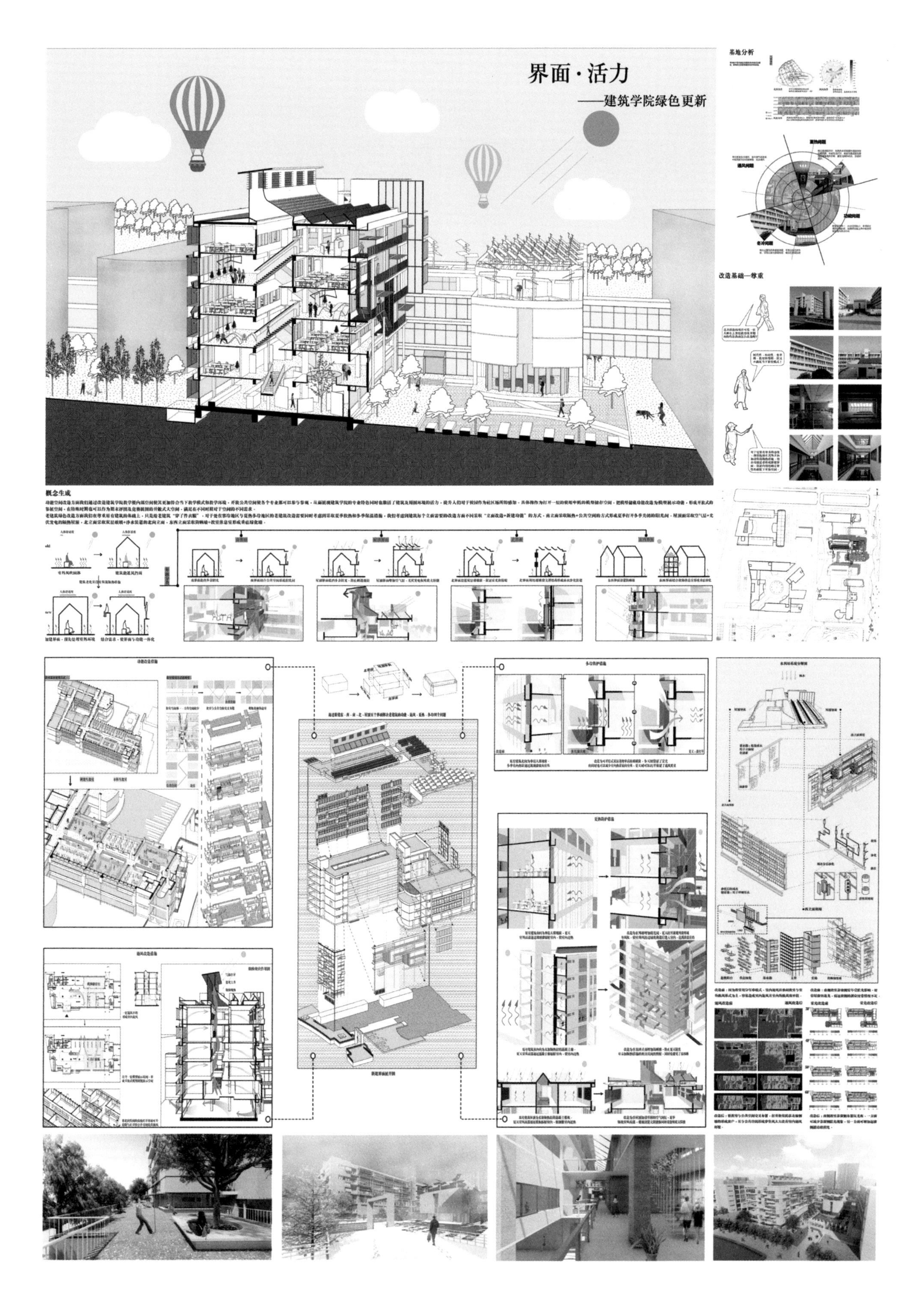
界面·活力
——建筑学院绿色更新
基地分析
改造基础—尊重
概念生成

双重花园

——可持续校园宿舍花园概念设计

在大学这个诺大的学园中，该如何创造独特的校园宿舍环境呢？为了应对现有的大学宿舍区公共空间利用失衡问题，方案选取了浙江大学紫金港校区北部宿舍片区——丹青学园作为基地。学园内部公共空间被大量的学生自行车和被子占据，学生在学园内部的日常活动单一，其多样性发展的需求得不到环境的支持。为此，概念提出校园宿舍的花园应该是开放弹性的活动空间，满足学生的多样性活动发展。方案通过空间改善、生态可持续及文化引导三大策略，演绎出双重花园的设计。

双重花园的设计在创造出双倍开放空间的同时，成为了各宿舍楼的联系中枢，将学生从小盒子一样的宿舍房间里释放到中央开敞空间里，进行各种可能的个性化活动或是参与公共活动。同时，绿化空间与停车空间和公共活动空间紧密联系，使得空间更加自然宜人，学生得以在日常生活中就感受到自然带来的心理慰藉。

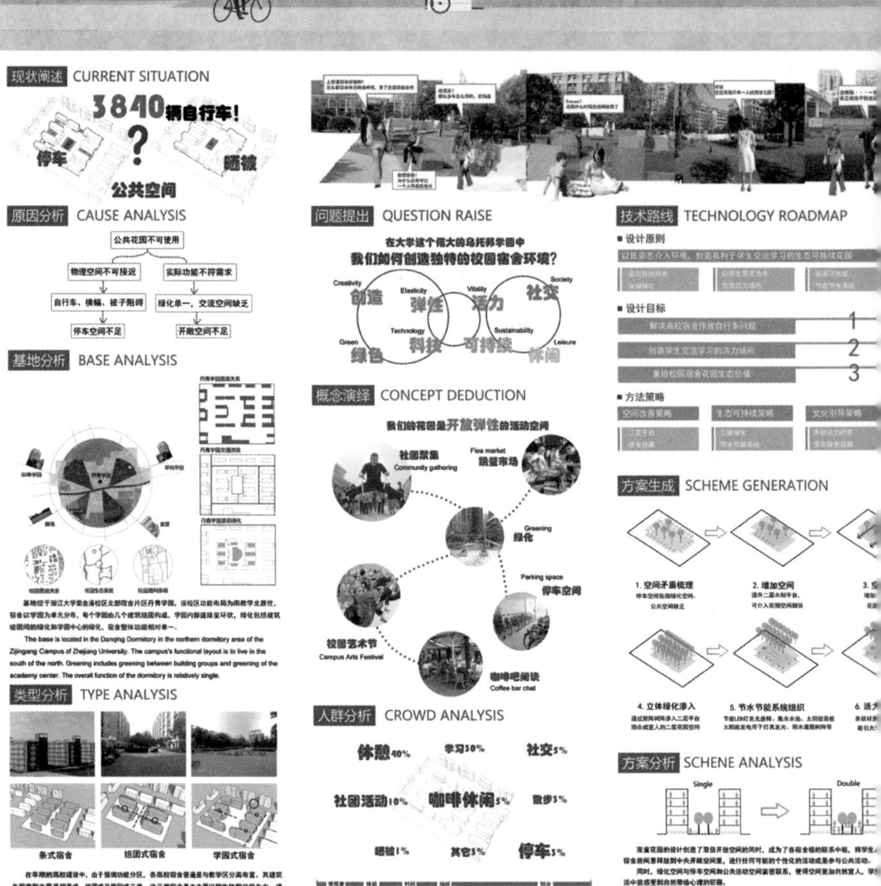

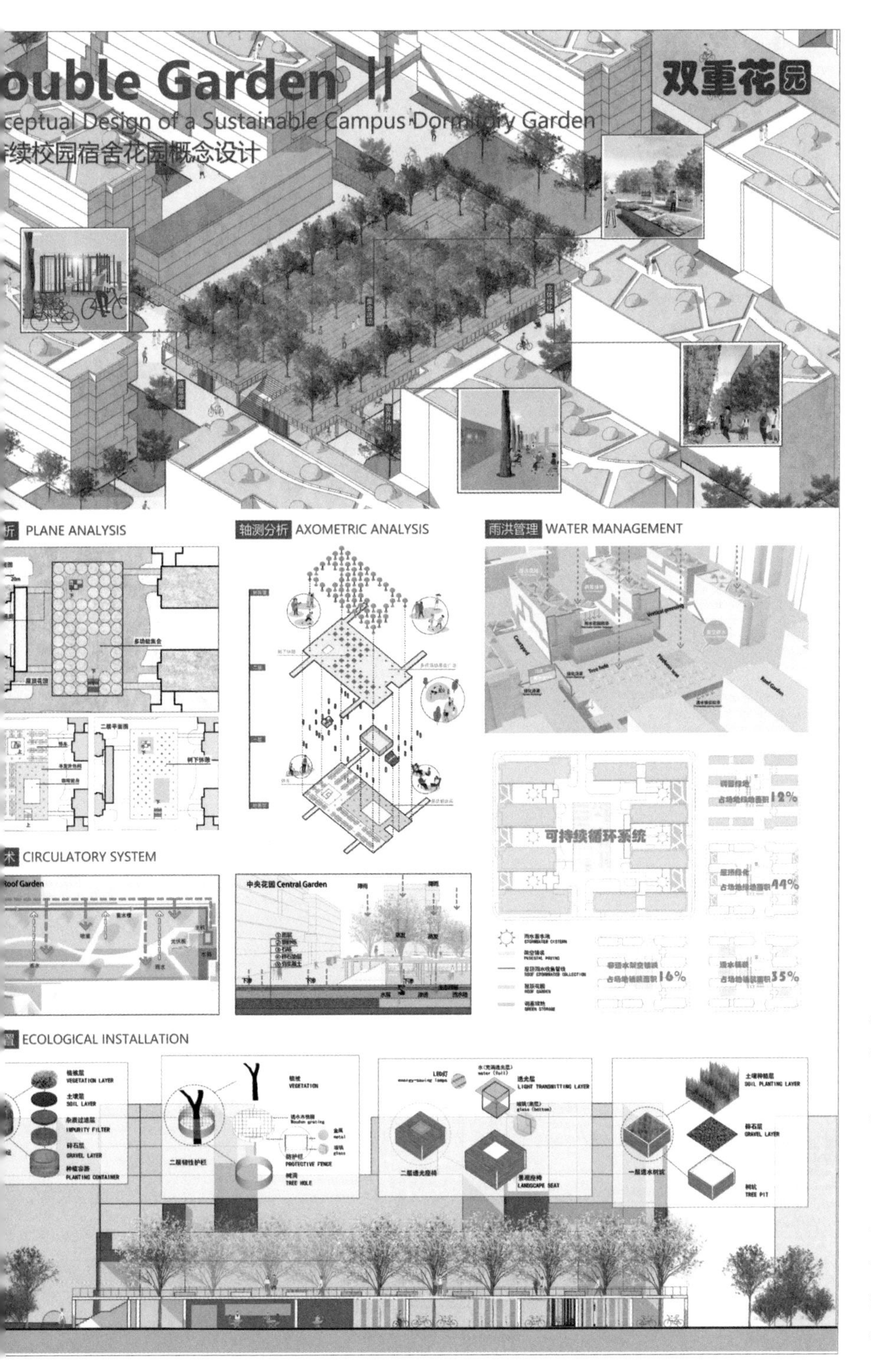

扫码点击“立即阅读”，

浏览线上图片

佳作奖获奖作品

Honorable Mention Awards

作者姓名：赖晓燕　李宇昆　高欣悦　郑悦悦

专业年级：建筑学四年级　城乡规划四年级

指导教师：李咏华　张汛翰

参赛学校：浙江大学建筑工程学院

汇

——基于水生态研究的绿色校园规划概念设计

扫码点击“立即阅读”，
浏览线上图片

佳作奖获奖作品
Honorable Mention Awards

作者姓名：王歆月　朱懿璇　张欣迪　肖明峰
专业年级：风景园林四年级
指导教师：瞿俊　付晓渝
参赛学校：苏州大学金螳螂建筑学院

本设计致力于将苏州大学天赐庄校区塑造成集联系性、多样性、可持续性于一体的绿色开放性校园。由于苏州的城市水体发展极具特色，降雨频繁，本设计以雨水为出发点，采用 GIS 分析，动画模型推演等方法对校园雨水定量定性地进行探讨。基于数据量化，在数据的基础上进行先规划、再推导的设计程序。融入“纵向一水、横轴两街”的概念，将校园周边的经济、科技、人脉有机地融入生态基地当中，发展成为智慧、开放、生态、多功能的绿色校园。

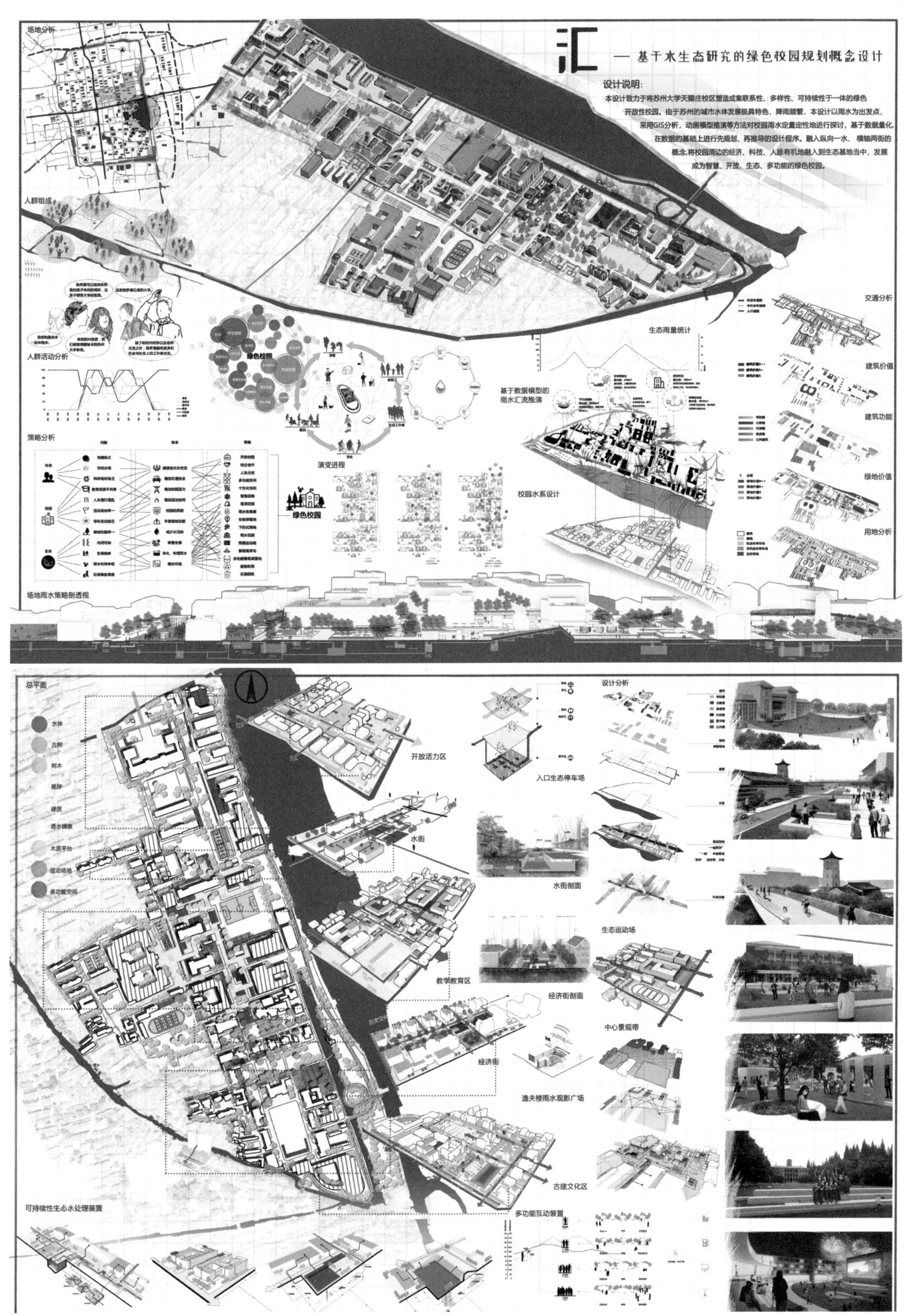

汇
——基于水生态研究的绿色校园规划概念设计
设计说明：
本设计致力于将苏州大学天赐庄校区塑造成集联系性、多样性、可持续性于一体的绿色开放性校园。由于苏州的城市水体发展极具特色，降雨频繁，本设计以雨水为出发点，采用GIS分析，动画模型推演等方法对校园雨水定量定性地进行探讨，基于数据量化，在数据的基础上进行先规划、再推导的设计程序。融入纵向一水、横轴两街的概念，将校园周边的经济、科技、人脉有机地融入到生态基地当中，发展成为智慧、开放、生态、多功能的绿色校园。
场地分析
人群组成
人群活动分析
策略分析
绿色校园
演变进程
生态雨量统计
基于数据模型的雨水汇流推演
校园水系设计
交通分析
建筑价值
建筑功能
绿地价值
用地分析
场地雨水策略剖透视
总平面
水体
古树
树木
草坪
硬质
透水铺装
木质平台
运动场地
多功能空间
开放活力区
水街
教学教育区
经济街
古建文化区
设计分析
入口生态停车场
水街剖面
生态运动场
经济街剖面
中心景观带
逸夫楼雨水观影广场
多功能互动装置
可持续性生态水处理装置

“廊”之天天

——沈阳建筑大学长廊空间改造

扫码点击“立即阅读”，
浏览线上图片

佳作奖获奖作品
Honorable Mention Awards

作者姓名：许吉婷　朱君　王艺霏
专业年级：建筑学研一
指导教师：赵伟峰
参赛学校：沈阳建筑大学建筑与规划学院

沈阳建筑大学位于沈阳浑南区的主校区，占地面积 1500 亩（约 100hm^2），建筑面积 52 万 m^2。教学区为具有东方文化底蕴的网格式庭院组合，有利于资源共享和学科交流。一座长达756m 的亚洲第一文化长廊将教学区、图书馆、实验区、办公区、生活区等巧妙地连接在一起，形成校园中一道独特的风景。

长廊可以说是校园中很重要的中枢神经，连接着校园的主要功能区。虽然长廊为使用者的必经流线，但是除了交通功能之外，别无他用。长达 756m、宽达 8m 的长廊，仅靠一排座椅并不能充分利用长廊。因此，本小组针对诸多的问题，对长廊进行了改造方案的设计。主要采用的手法有：增加层数、改变体型系数、丰富空间、增加天窗、外表面改造、加入表皮腔等。

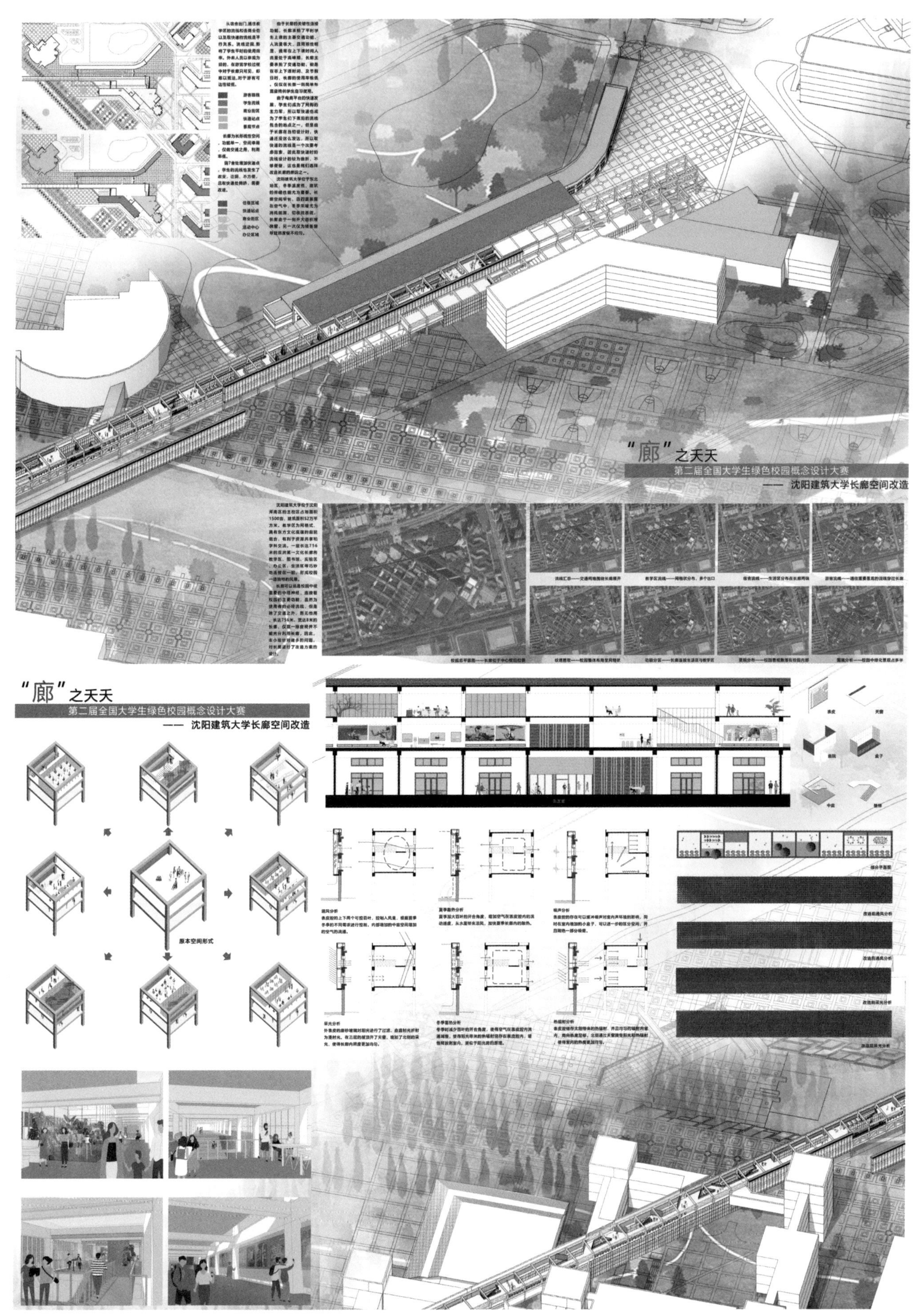

"廊"之天天
第二届全国大学生绿色校园概念设计大赛
—— 沈阳建筑大学长廊空间改造
"廊"之天天
第二届全国大学生绿色校园概念设计大赛
—— 沈阳建筑大学长廊空间改造
原本空间形式

栖止桥下·绿色连理

——大连理工大学活力空间设计

扫码点击“立即阅读”，
浏览线上图片

佳作奖获奖作品
Honorable Mention Awards

作者姓名：王雅辉　李家兴　赵世量　李科键
专业年级：建筑学四年级
指导教师：张广媚　何泉汇
参赛学校：大连理工大学　建筑与城市规划学院

本方案在校园内寻找失落已久的空间，以建筑系馆为中心、建筑系师生作为主导人群，创造小空间供人们交流分享、休憩娱乐，并架桥在主要流线上，形成多流线的道路选择。在老校园中通过对失落空间中的单体和环境的加建创造新的活力。希望通过本次设计让整个校园富有活力，使学生和老师在学校的时间有更好的体验。

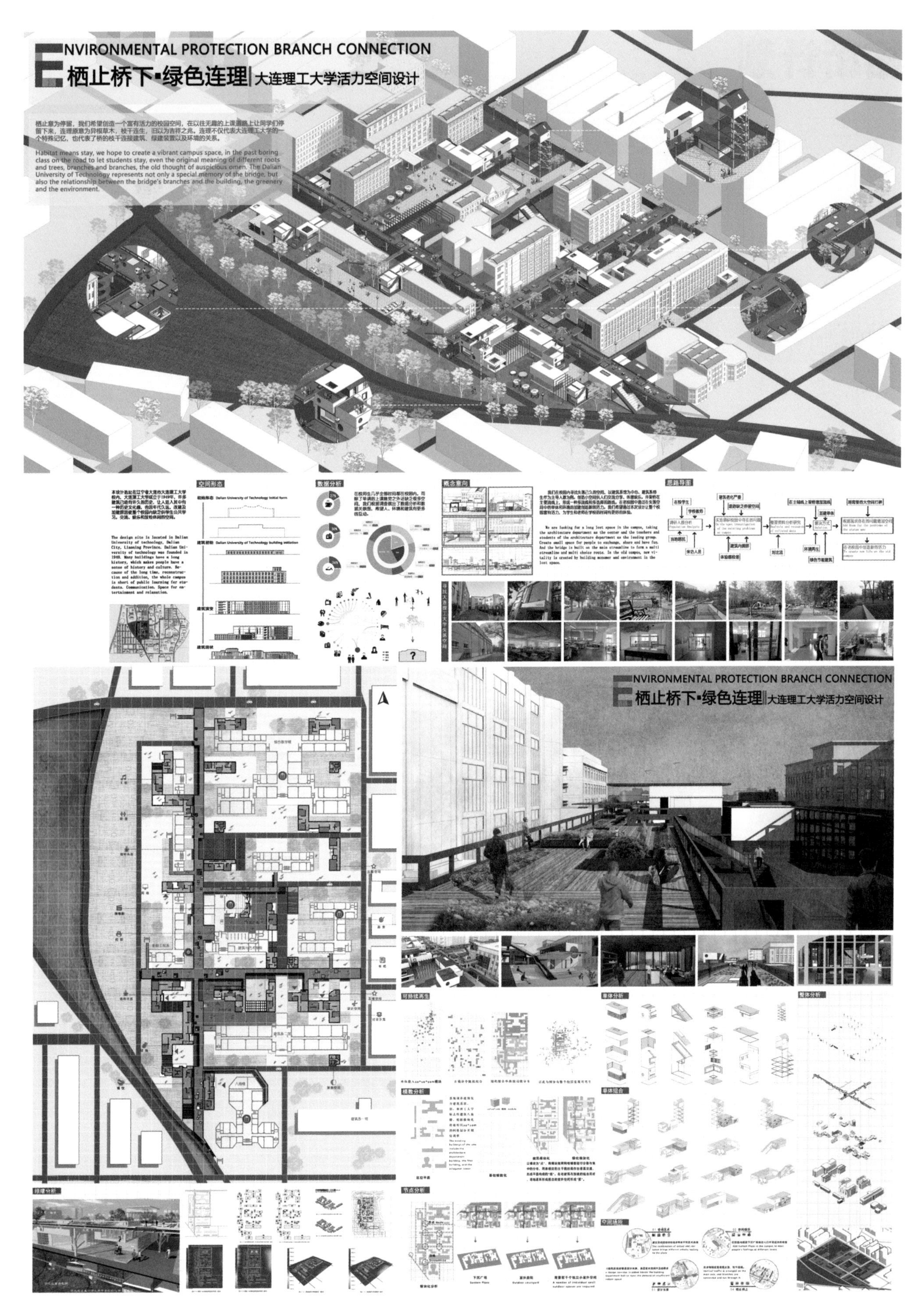
ENVIRONMENTAL PROTECTION BRANCH CONNECTION
栖止桥下▪绿色连理|大连理工大学活力空间设计
栖止意为停留，我们希望创造一个富有活力的校园空间，在以往无趣的上课道路上让同学们停留下来，连理原意为异根草木，枝干连生，旧以为吉祥之兆。连理不仅代表大连理工大学的一个特殊记忆，也代表了桥的枝干连接建筑、绿建装置以及环境的关系。
Habitat means stay, we hope to create a vibrant campus space, in the past boring class on the road to let students stay, even the original meaning of different roots and trees, branches and branches, the old thought of auspicious omen. The Dalian University of Technology represents not only a special memory of the bridge, but also the relationship between the bridge's branches and the building, the greenery and the environment.
空间形态
数据分析
概念意向
思路导图
ENVIRONMENTAL PROTECTION BRANCH CONNECTION
栖止桥下▪绿色连理|大连理工大学活力空间设计
可持续再生
单体分析
整体分析
模数分析
单体组合
节点分析
空间体验
绿建分析

榕桥计划

扫码点击“立即阅读”，
浏览线上图片

佳作奖获奖作品
Honorable Mention Awards

作者姓名：陈柯杭
专业年级：建筑学四年级
指导教师：邱文明
参赛学校：福州大学建筑与城乡规划学院

为应对因电瓶车泛滥而致的交通拥堵问题及随之而来的安全隐患，该方案以榕树为概念，在校园的榕树间创造一条贯通主要宿舍区、教学区及食堂区的“榕桥”与相应的垂直交通及附属空间，故取名为“榕桥计划”。

榕桥计划旨在拓宽校园内原本狭窄的通勤道路，并为步行者提供专门的架空步道。方案设计了一系列绿色宜人的空间体验及实用可爱的公共设施，使步行上下课变得不再那么的枯燥乏味，以此来吸引电瓶车骑行者步行，从而从根本上减少电瓶车出行，缓解交通拥堵等问题。榕桥计划连接了上学的路与回家的路，也连接着每一个行色匆匆的行人。它想要成为每一个行人校园生活的一部分，从平常处影响与改变着人们的出行，使榕间漫步镌刻人们的记忆。同时，它还传递着校园文化、榕城文化与挺拔的榕树精神，让老校园以此为契机焕发出新生的活力。

榕桥计划 Ⅰ
The Banyan Bridge Plan
第二届全国大学生绿色校园概念设计大赛
The Second National College Student Green Campus Concept Design Competition
车道困境 The Lane Dilemma
8分钟困境 8 Minutes Delimma
榕桥计划 Ⅱ
方案选择
总平规划
解决思路
设计说明
问卷调查
水平交通-榕桥模块设计
垂直交通-旋转楼模块设计
附属空间构思
设计评估

也无风雨也无晴

——基于能源利用值 max 的装配式可变盒子

扫码点击“立即阅读”，
浏览线上图片

佳作奖获奖作品
Honorable Mention Awards

作者姓名：林友鹏　陈笑康
专业年级：建筑学四年级
指导教师：陈伟莹
参赛学校：郑州大学建筑学院

本设计的具体设计方法是在原有建筑中植入可装配及可变的天气盒子与雨幕。通过多种软件（斯维尔、ladybug）对通风、采光、热辐射进行不同气候条件下全年段的分析。确定各个盒子所处的水平位置、朝向、挑出距离、立面开窗的形式、位置与大小等条件，实现建筑能源利用最大化，寻找绿色环保的最优解。

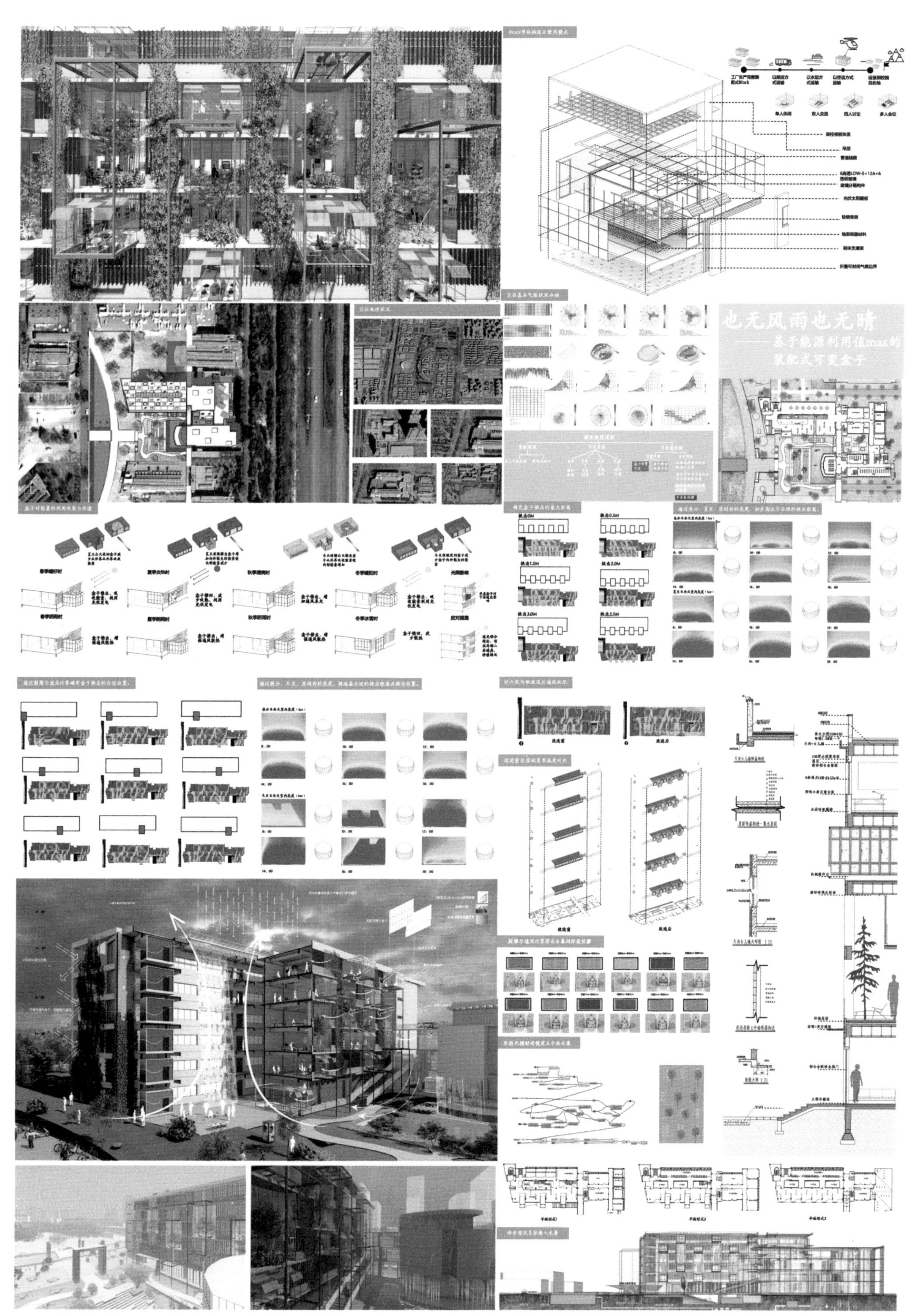
也无风雨也无晴
——基于能源利用值max的
装配式可变盒子
Block单体构造及使用模式
工厂生产完整装配式Block
以陆运方式运输
以水运方式运输
以空运方式运输
运送到校园目的地
单人休闲
双人交流
四人讨论
多人会议
地面保温材料
箱体支撑梁
折叠可封闭气候边界

我们的学校是“花园”

——内蒙古地区育红小学绿色改造设想

扫码点击“立即阅读”，
浏览线上图片

佳作奖获奖作品
Honorable Mention Awards

作者姓名：徐一凡　刘丹妮　刘楚坤　石欢
专业年级：建筑学四年级
指导教师：张建新　孙王虎
参赛学校：扬州大学建筑科学与工程学院

儿童是祖国的花朵，为孩子们营造良好的学习环境是学校的重要任务。本方案基于此主旨，针对该校园里存在的功能不合理、冬季保温措施不到位以及冬季活动场地不足等问题，结合地域特色，提出利用被动式温室大棚进行校园绿色改造的设想：在功能重构的基础上，通过被动式温室增强冬季保温效果，形成小气候；并充分利用温室内空间，进行活动空间和景观绿化布置，将内蒙古特色文化带与江南园林的美景相结合，实现南北碰撞，为学生创造美丽且富有文化气息的学习环境；同时充分利用内蒙古地区丰富的风能和太阳能资源，设置太阳能光电板、太阳能集热装置以及风能发电装置等产能装置。

在实现自给自足的同时，方案也提出了与电厂进行资源置换的构想：电厂提供资金进行学校改建，学校提供场所进行太阳能发电，以此解决在内蒙古地区绿色学校改造推广过程中的资金问题。通过绿色校园改造，希望孩子们无论何时都能无忧无虑地玩耍；希望和暖的阳光永远照耀在他们的笑颜上；希望我们的建筑能够像“花园”一样保护着这些祖国的花朵茁壮成长。

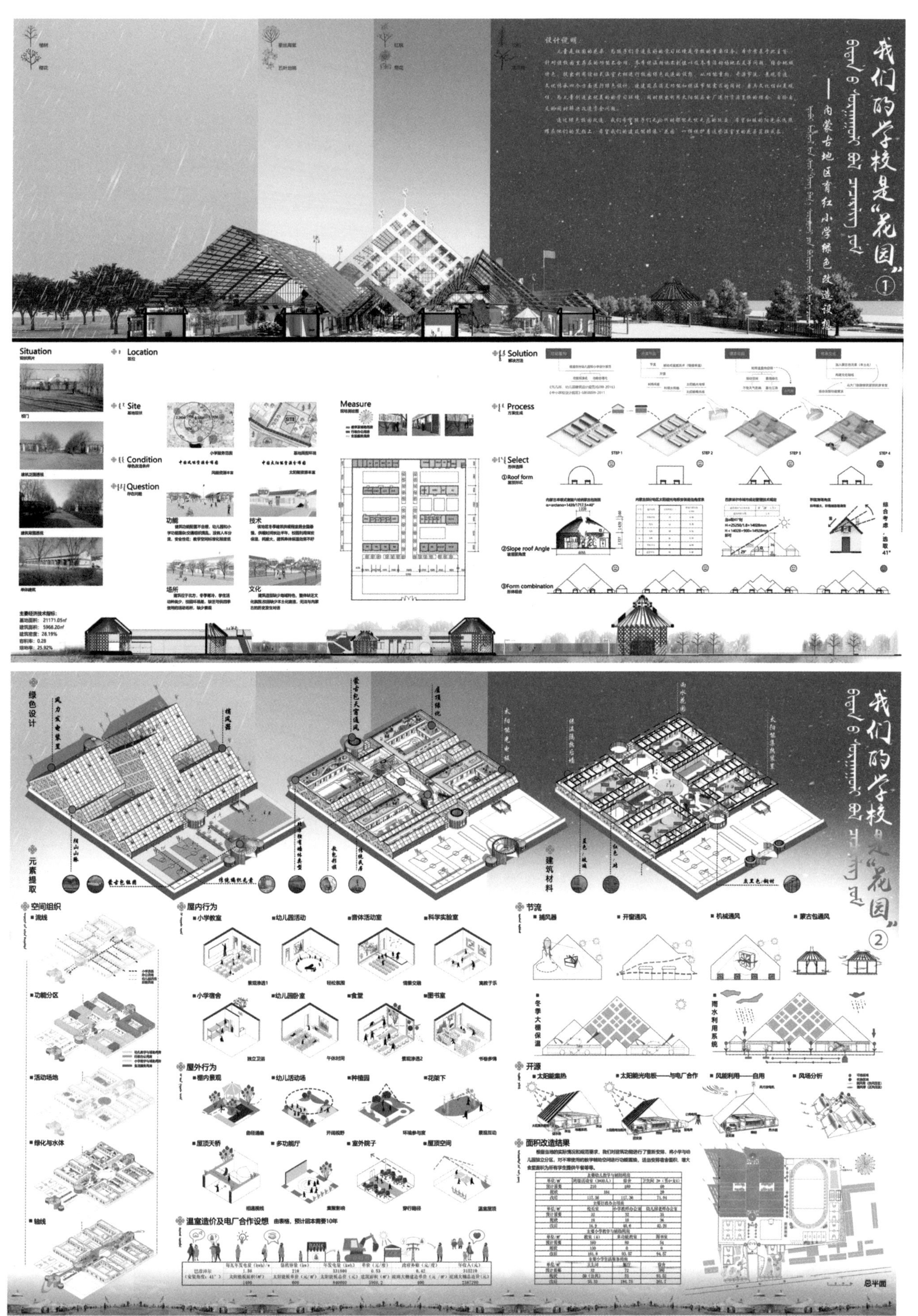

我们的学校是"花园"
——内蒙古地区育红小学绿色改造设计
①
设计说明：
Situation
Location
Site
Condition
Question
Measure
Solution
Process
Select
①Roof form
②Slope roof Angle
③Form combination
STEP 1
STEP 2
STEP 3
STEP 4
功能
技术
场所
文化
我们的学校是"花园"
②
绿色设计
元素提取
建筑材料
空间组织
流线
功能分区
活动场地
绿化与水体
轴线
屋内行为
小学教室
幼儿园活动
青体活动室
科学实验室
小学宿舍
幼儿园卧室
食堂
图书室
屋外行为
棚内景观
幼儿活动场
种植园
花架下
屋顶天桥
多功能厅
室外院子
屋顶空间
节流
捕风器
开窗通风
机械通风
蒙古包通风
冬季大棚保温
雨水利用系统
开源
太阳能集热
太阳能光电板——与电厂合作
风能利用——自用
风场分析
面积改造结果
温室造价及电厂合作设想
总平面

向阳而"升"

——苏州大学宿舍楼改造

项目位于苏州大学天赐庄校区内，为老旧宿舍楼改造。由于该宿舍楼共用卫生间，北向空间采光弱、缺乏共享空间以及缺乏垂直绿化等问题，而进行一系列的改造设计。

本次设计以装配式设计、模数化概念、共享空间等理论为出发点进行设计，对于众多大学老旧宿舍具有一定推广性、可行性以及经济性价值。

扫码点击"立即阅读"，
浏览线上图片

佳作奖获奖作品
Honorable Mention Awards

作者姓名：邵明聪　胡文杰
专业年级：建筑学研一
指导教师：戴叶子
参赛学校：苏州大学金螳螂建筑学院

Bubble & Tetirs

——废旧学生食堂绿色活力改造

扫码点击“立即阅读”，
浏览线上图片

佳作奖获奖作品
Honorable Mention Awards

作者姓名：戴安琪　庄祖琳　邓鋆睿
专业年级：建筑学四年级
指导教师：管毓刚　管剀雄
参赛学校：华中科技大学　建筑与城市规划学院

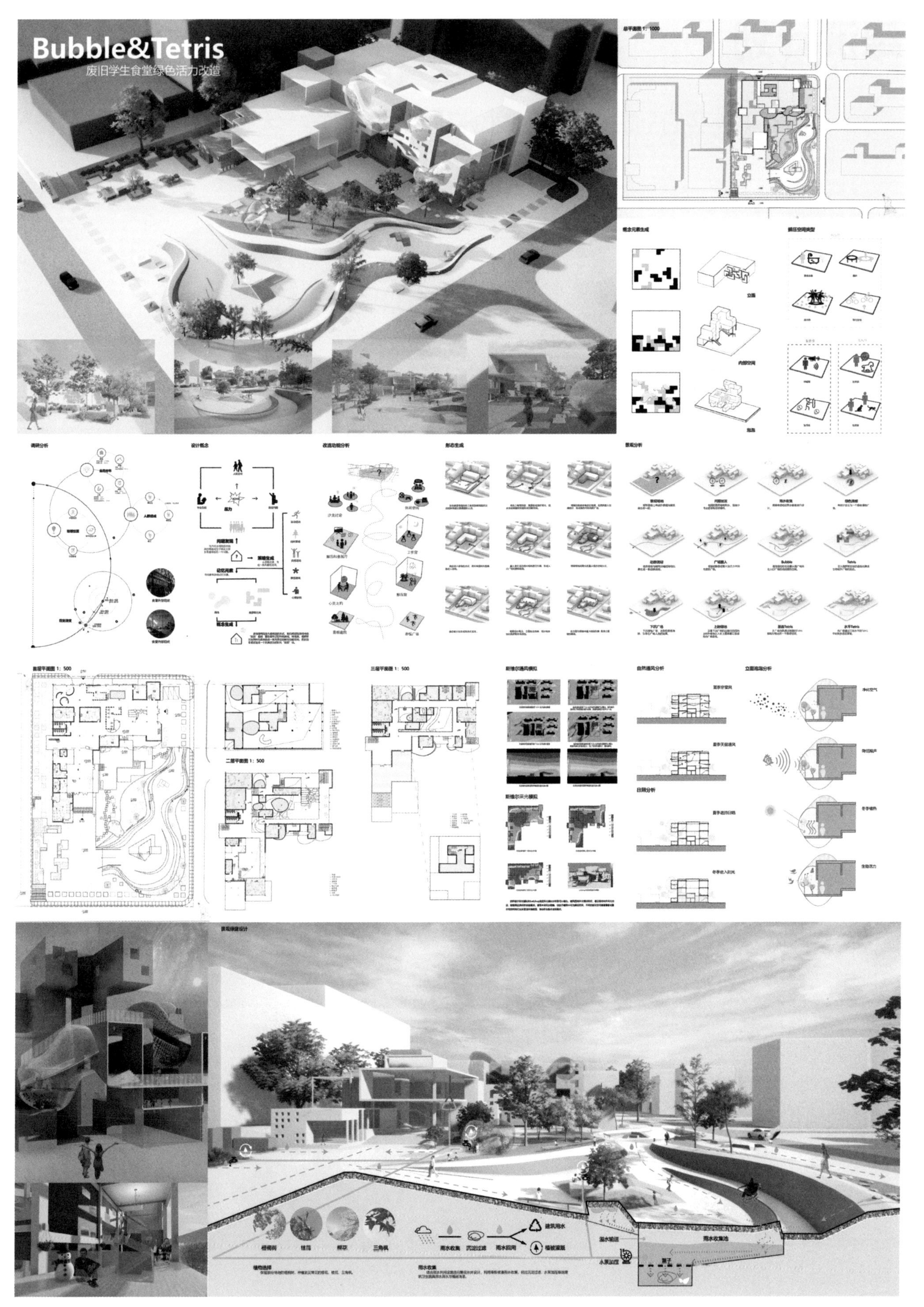
Bubble&Tetris
废旧学生食堂绿色活力改造

绿洲计划

——西天培英中学初中部改造方案

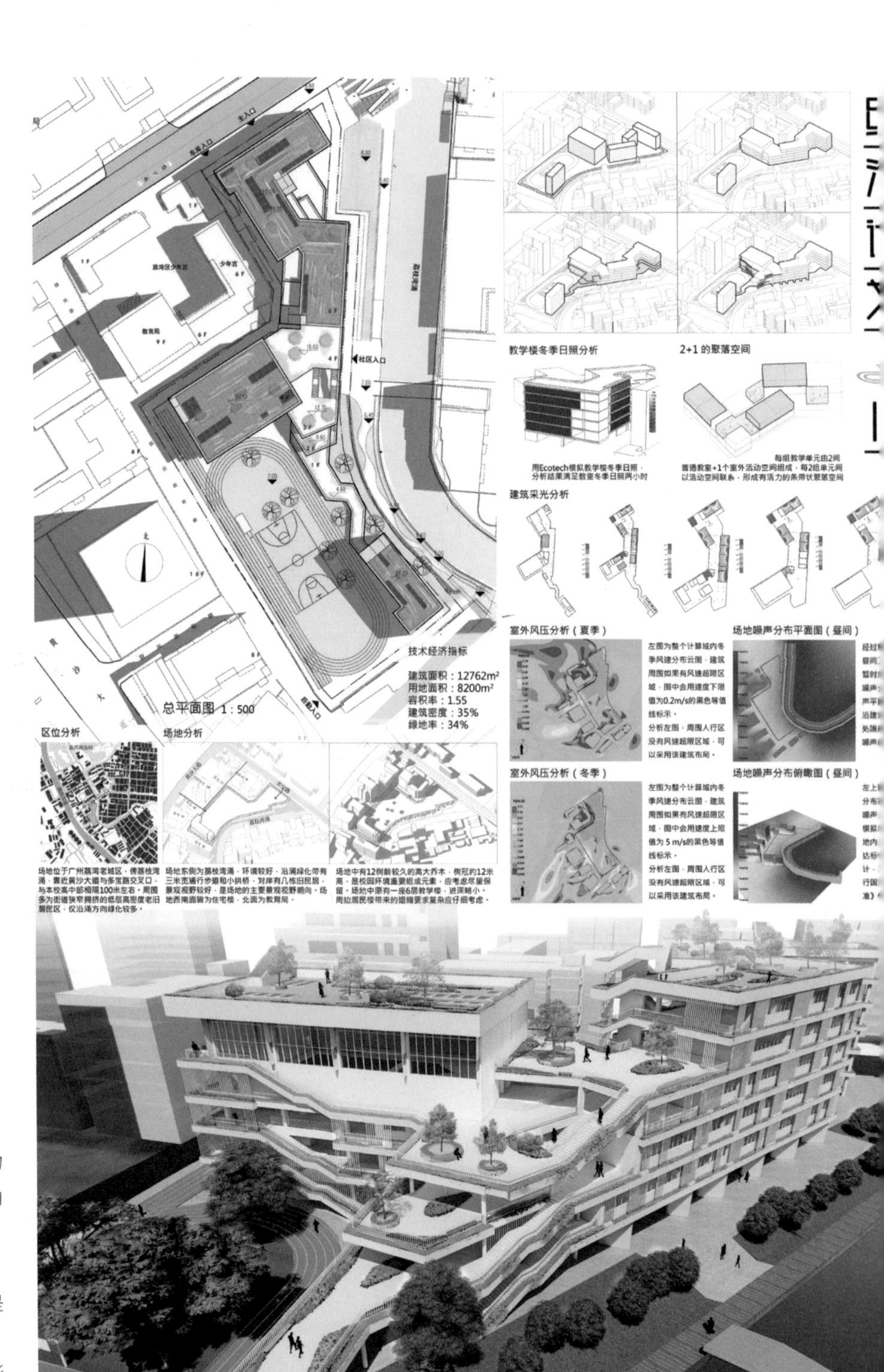

场地选址位于广州市老城区，设计致力于使校园呈现出“绿洲”的状态，从三个角度实现“绿洲计划”：

生态绿洲——环境生态；

社区共享——文体中心和操场的设施是周末可以对外开放社区共享的；

活力校园——聚落式布局 + 错落平台形成开放活力的校园空间。

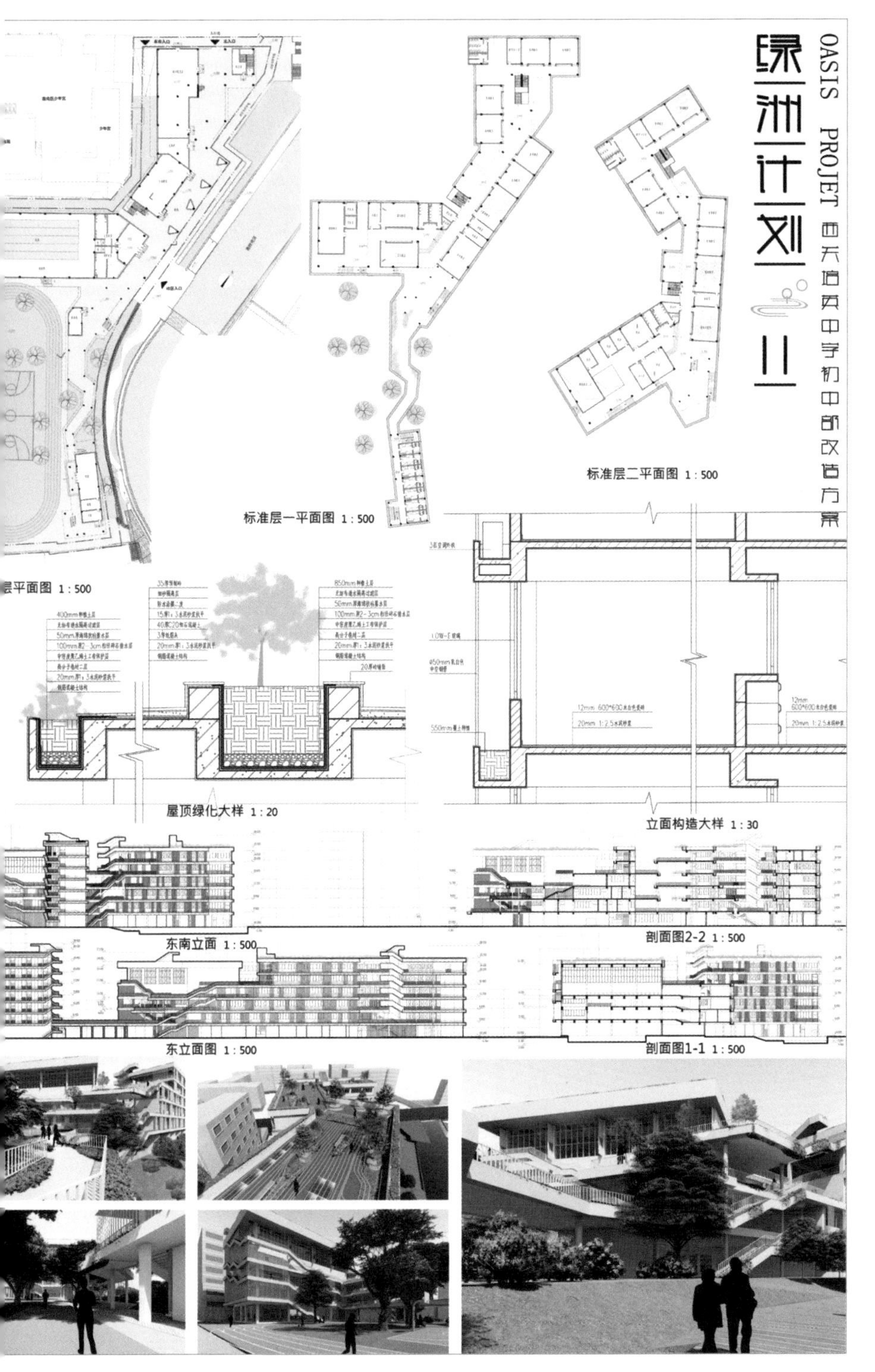

扫码点击“立即阅读”，
浏览线上图片

佳作奖获奖作品
Honorable Mention Awards

作者姓名：焦钰钦　伍彦蓁　马亦鸣
专业年级：建筑学四年级
指导教师：王静　赵立华
参赛学校：华南理工大学建筑学院

UP AND DOWN
——教学楼改造建筑与艺术设计学院楼设计

扫码点击“立即阅读”，
浏览线上图片

佳作奖获奖作品
Honorable Mention Awards

作者姓名：王银星　曹雅蕾
专业年级：建筑学研一
指导教师：孙兆杰
参赛学校：河北工业大学　建筑与艺术设计学院

本次设计是河北工业大学建筑与艺术设计学院整体搬迁至南院校区，将南院主教学楼改造成设计学院楼兼公共教学楼。

方案主要是解决两个大问题：一是校园较小，停车杂乱，主教学楼前广场成为停车场。设计通过下沉前广场，抬升入口至二层，将原有停车场扩大，容纳整个校园停车需求，创造无车校园。同时抬升入口将停车场隐藏，营造了一个立体的绿化广场。将室外公共环境还给人的活动。二是原有的教室为普通教室，不满足设计学类的教学需求。通过设计，以两层为单位，打开部分楼板，连接上下两层，给予上下两层交流的可能，创造不同年级、学科间的相互学习。同时在南北向也做贯通，让教学空间成为立体的空间，明亮舒适。创造的通高环境也作为搭建模型、展览等场所使用，空间利用率提升。

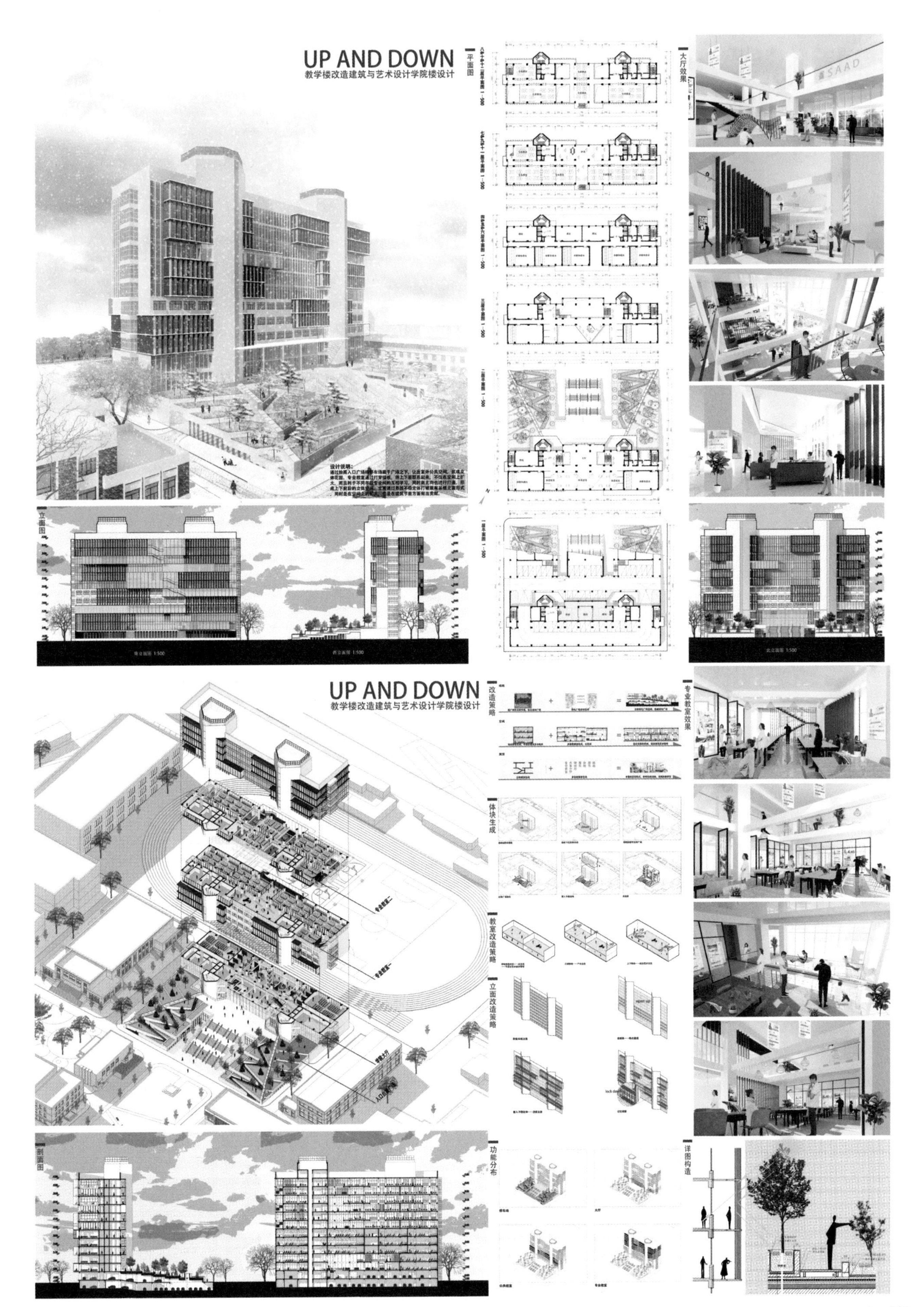
UP AND DOWN
教学楼改造建筑与艺术设计学院楼设计
平面图
大厅效果
立面图
UP AND DOWN
教学楼改造建筑与艺术设计学院楼设计
改造策略
体块生成
教室改造策略
立面改造策略
功能分布
专业教室效果
剖面图
详图构造

织桥衔景

——基于可持续思想的专业教学楼改造设计

扫码点击“立即阅读”，
浏览线上图片

佳作奖获奖作品
Honorable Mention Awards

作者姓名：徐鑫煜　黄维勤　韩泽政
专业年级：建筑学四年级
指导教师：郝卫东　付杰
参赛学校：石家庄铁道大学建筑与艺术学院

随着城市的不断更迭，我国社会经济迅猛发展，也留下了大量的历史“旧账”，在这期间，新旧空间的交替成为城市更新的热门话题。

石家庄铁道大学第四教学楼自 1997 年以来，一直作为建筑与艺术学院的教学场地，但近年来随着招生的扩大以及新专业的设置，旧的教学用房已经满足不了师生展示、交流与休憩需要。

本设计旨在以可持续为核心思想，通过“桥”的方式连接教学楼与校园内的一块绿地，将人流从室内导向绿地，创造校园内的共享空间，同时为建筑学专业的学生提供展示作品的场地，方案激发了两块场地的活力，同时尽量保留了原有的绿化，对周边建筑的影响较小。

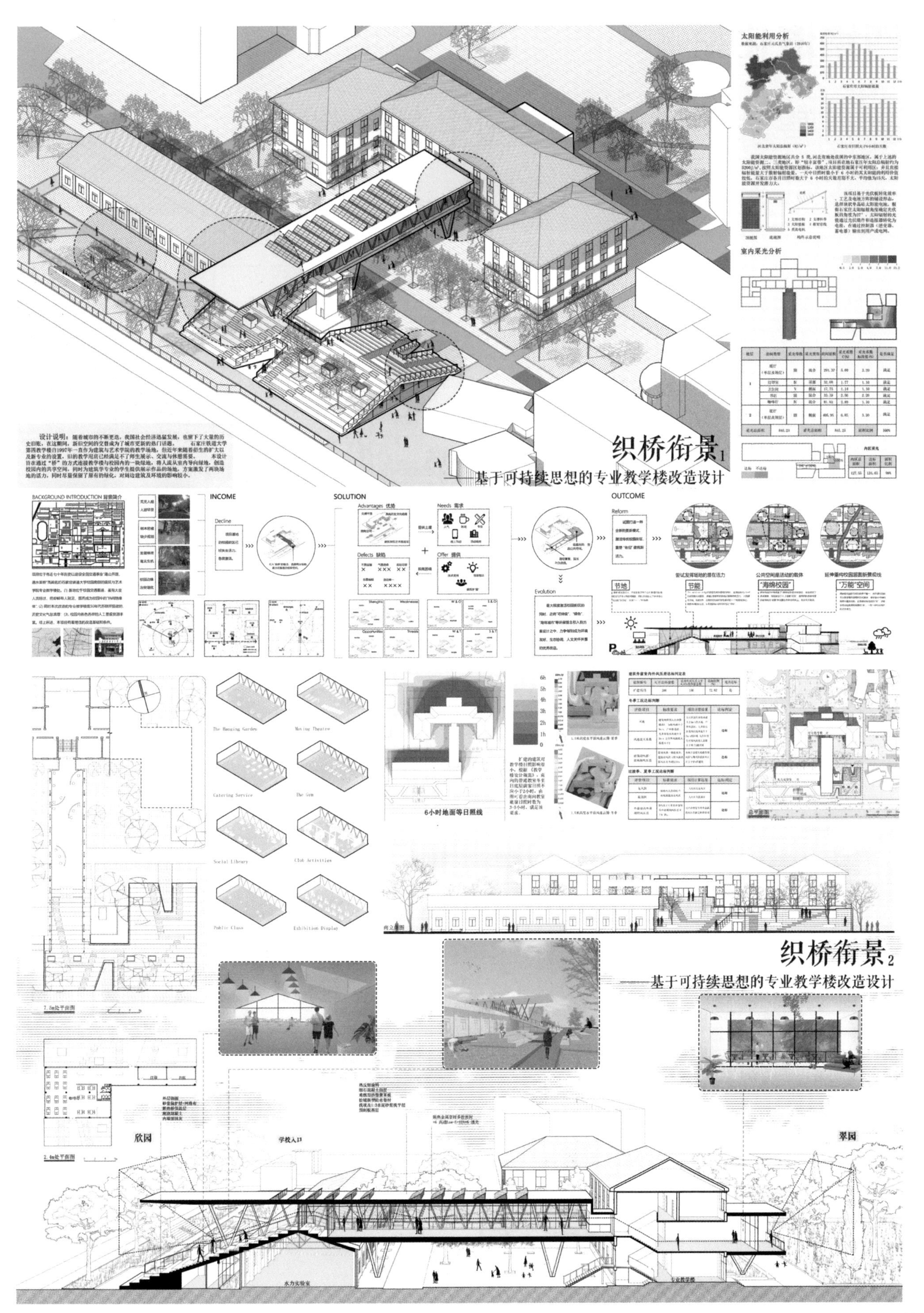

太阳能利用分析
室内采光分析
织桥衔景1
——基于可持续思想的专业教学楼改造设计
BACKGROUND INTRODUCTION 背景简介
INCOME
SOLUTION
OUTCOME
Decline
Advantages 优势
Needs 需求
Defects 缺陷
Offer 提供
Evolution
Reform
节地
节能
"海绵校园"
"万能"空间
The Amazing Garden
Moving Theatre
Catering Service
The Gym
Social Library
Club Activities
Public Class
Exhibition Display
6小时地面等日照线
总平面图
南立面图
织桥衔景2
——基于可持续思想的专业教学楼改造设计
欣园
学校入口
翠园
水力实验室

四维进化论

——智慧模式下的校园生长计划

现代校园最重要的就是教学功能，但是东北林业大学的土地与人产生了较大的矛盾，过度“薄”的土地承载了“厚重”的功能，给校园带来了更加沉重的压力。

方案选取学校的中心教学区作为示范点，赋予校园“四维智慧网络”，开展“智慧校园计划”，使校园的承载力增加一定的限度。通过变幻的游廊、智能化教室、领养模式、历史阶梯等策略，从小的切入点持续地改善校园内部空间利用率差、文脉不突出和管理滞后等问题，从而使校园更加有活力，达到校园的自我更新与生长。本设计做的不只是一次校园更新，而是有目的性、有进程地推进校园进行可持续发展，并且让生活在校园中的每一个人都可以成为校园环境可持续发展的见证者、参与者、亲历者。

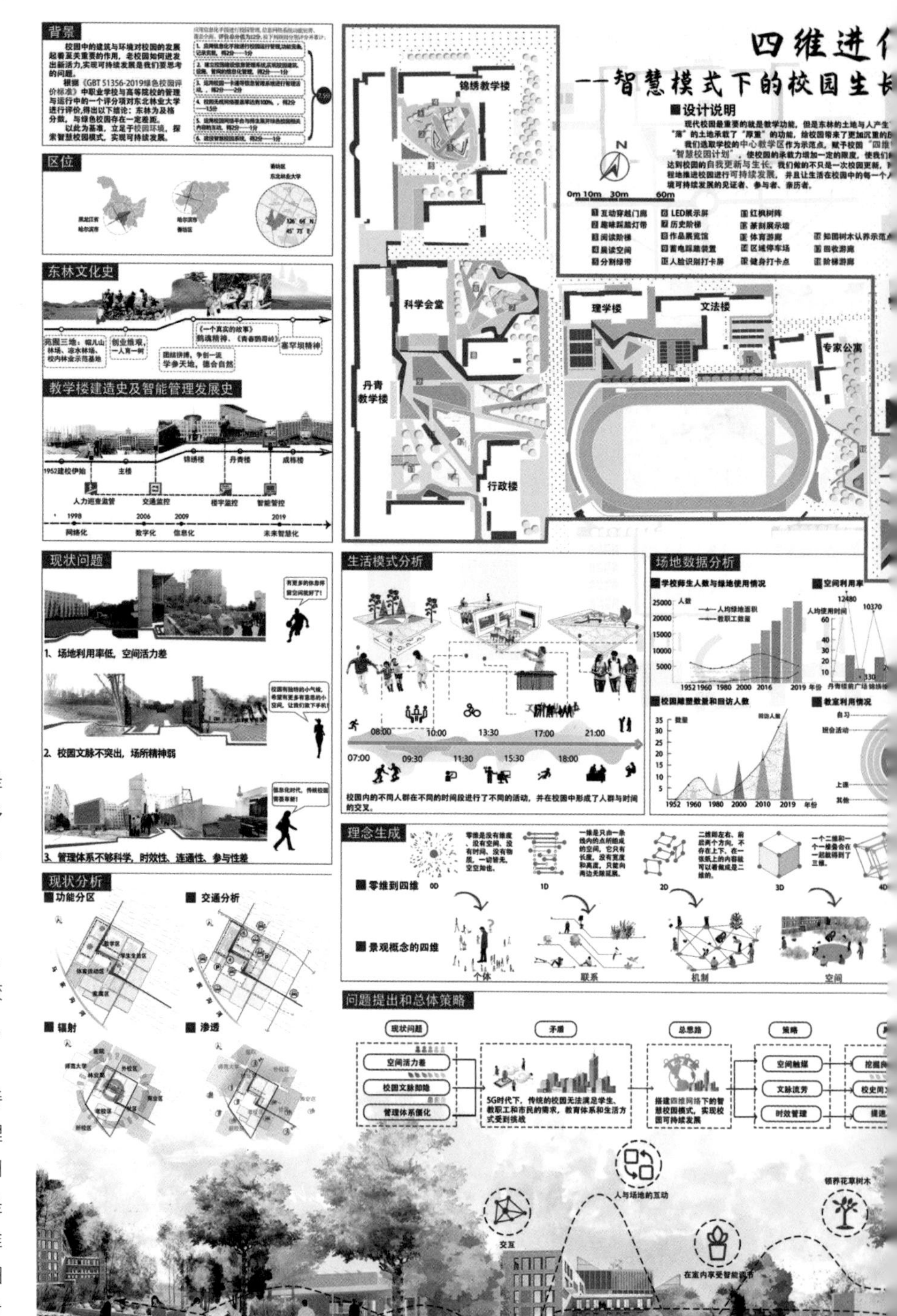

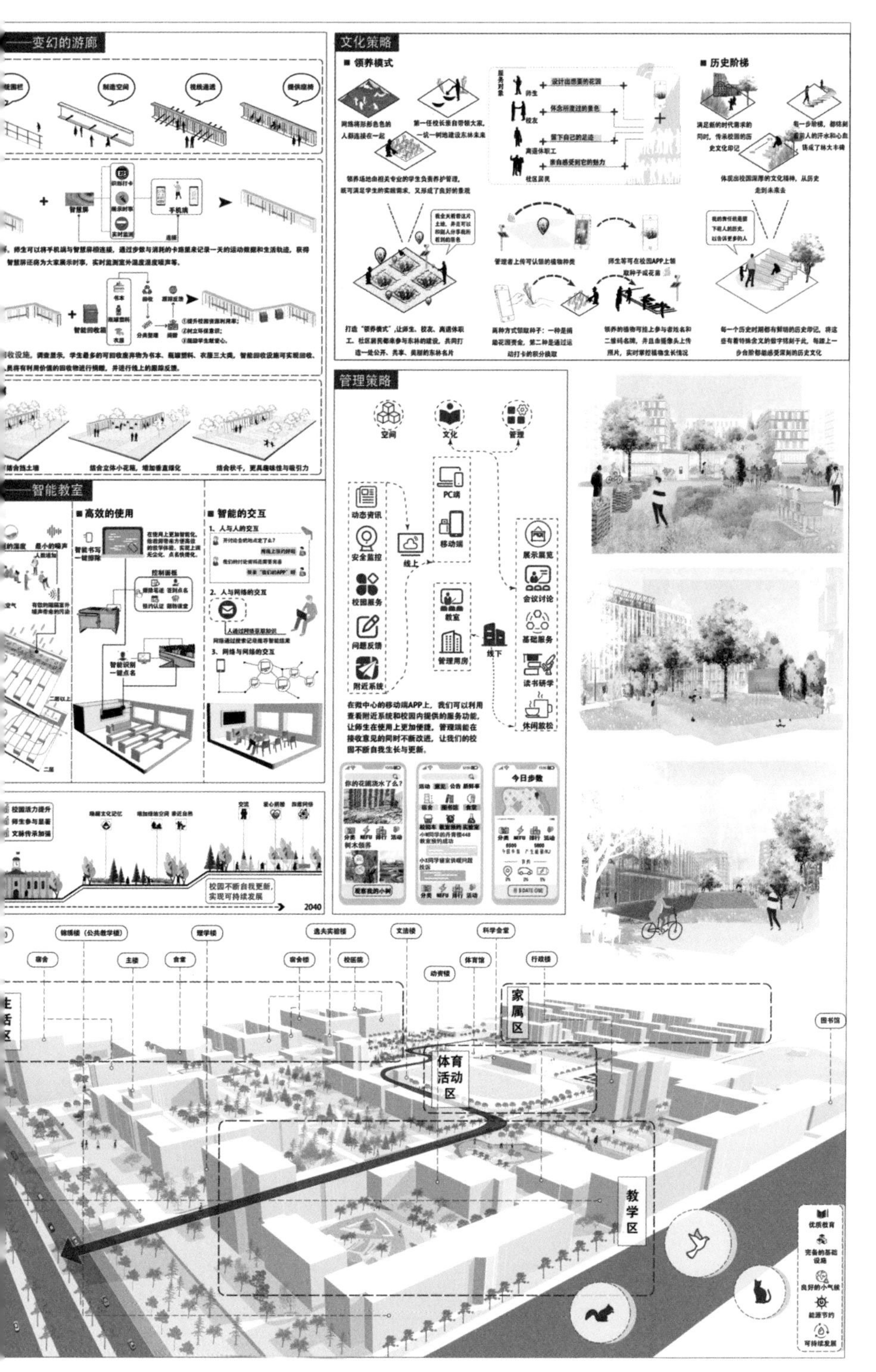

扫码点击“立即阅读”，
浏览线上图片

佳作奖获奖作品
Honorable Mention Awards

作者姓名：王惠聪　莘芷桦　李晨璐
专业年级：风景园林研一
指导教师：庞颖　张俊玲
参赛学校：东北林业大学园林学院

绿色策略下的校园办公楼方案设计

——热力“供”生

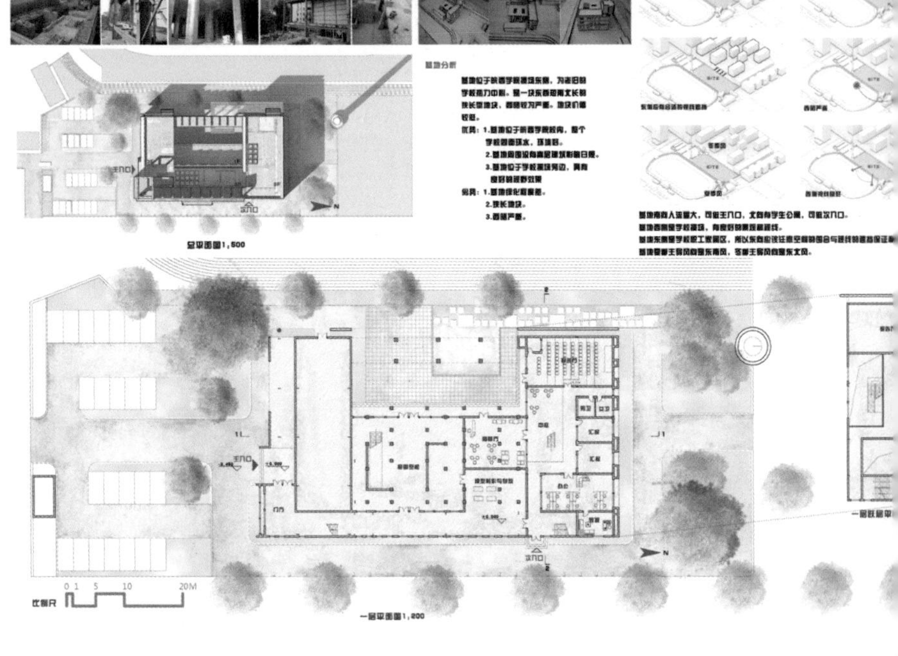

一直以来，“绿色建筑”往往被理解成为先进物理控制技术武装的可持续建筑，但真正意义的“绿色建筑”不仅限于各种物理技术的应用，更应该引起建筑师们关注的是绿色建筑如何开启更多人的绿色低碳生活。方案通过对相关绿色书籍的研读与认知，选择了一个位于小岛上的学校“皖西学院”，希望通过整个校园的美丽景色映衬出绿色设计主题。

整个方案选址是在皖西学院操场旁边的一座废弃热力中心（锅炉房），设计亮点就是尽可能地保留原始建筑与结构，杜绝大拆大建，变“废”为宝，经过对基地的调查研究，采用一系列的被动节能措施，将废旧的热力中心设计成一座低碳、节能、高效的建筑系学生与教师办公实验楼。

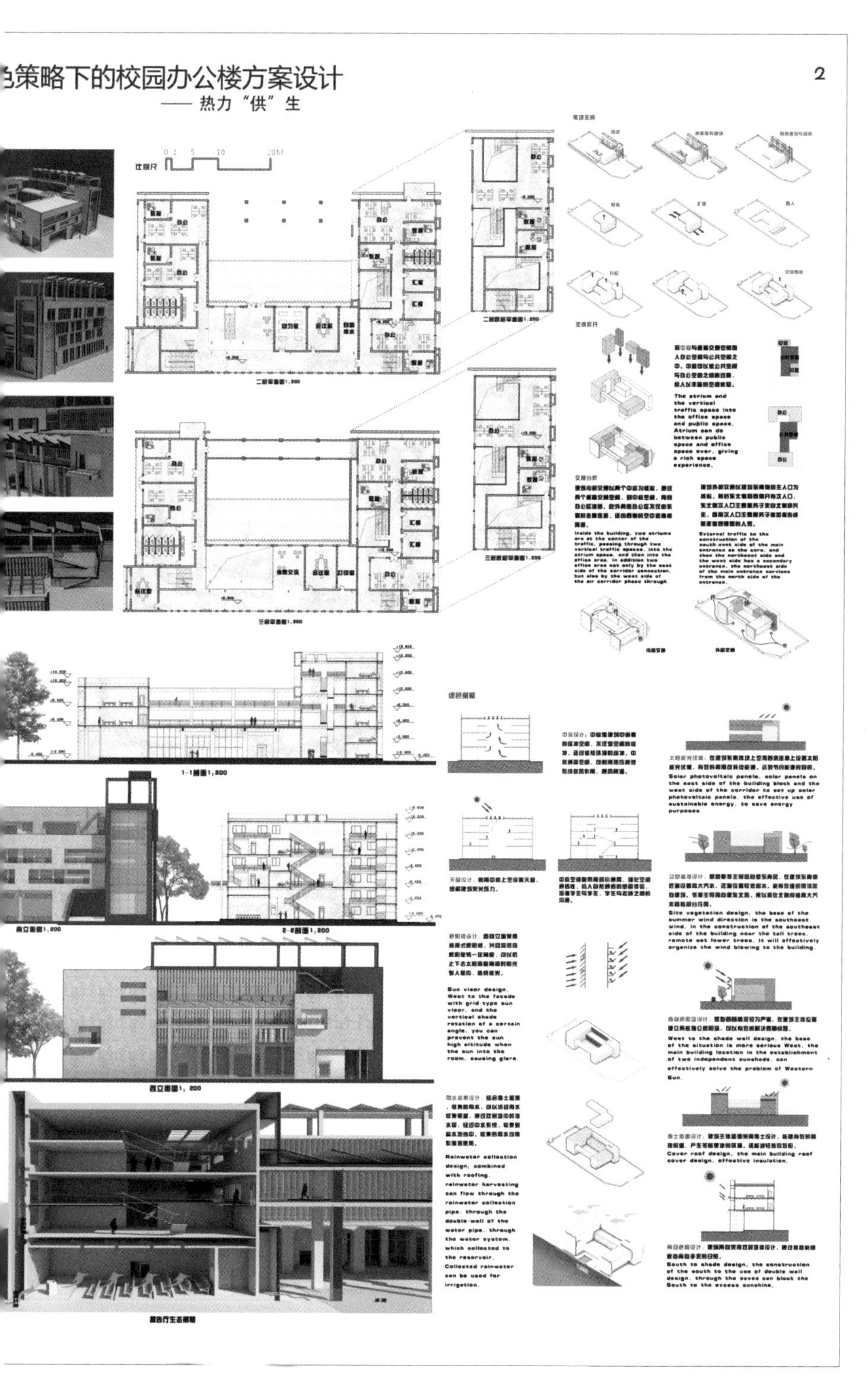

扫码点击“立即阅读”，
浏览线上图片

佳作奖获奖作品
Honorable Mention Awards

作者姓名：曹博　谢子文　吴玥

专业年级：建筑学研一

指导教师：黄云峰　张振伟

参赛学校：安徽理工大学土木建筑学院

WATER PIXELS
——可调节的多目标绿色顶棚设计

扫码点击“立即阅读”，
浏览线上图片

佳作奖获奖作品
Honorable Mention Awards

作者姓名：丁怡如　黄玥　谢钰
专业年级：建筑学三年级
指导教师：彭昌海
参赛学校：东南大学建筑学院

东南大学四牌楼校区位于江苏省南京市玄武区，前工院是其东南侧的建筑学院教学楼。生活中，学生在两楼之间的中庭中休息交流和开展露天电影、校园歌手比赛等活动，但由于北楼立面没有外遮阳，工作室靠窗的位置经常出现屏幕眩光、座位曝晒的情况，且中庭中也缺少能够阻挡酷暑或雨季等恶劣天气的顶部遮蔽。

因此我们构想了通过架设顶棚达到多目标实现的方案。

组成：顶棚由数控单元组合形成。利用两侧屋顶种植雨水花园并设置过滤系统收集雨水。在西侧的楼顶设置小型风力发电机补充抽注水能耗。根据需求，数控单元内可充入净化后的雨水形成“水泡”，依据中庭不同活动形式呈现不同开合形状和状态，赋予庭院校园活力。

绿色效益与舒适性：在加设顶棚后，可缓解室内炫光问题并为中庭和室内提供均匀的阳光，还可吸收外环境热辐射，减轻建筑室内热负荷能耗。此外，依据原有庭院形态和场地的主风向进行被动式通风处理，在屋顶闭合时形成“空气夹层”促进空气流通。

可变性与丰富性：顶棚的最小单元可自由调控其开启状态，从而使顶棚能够呈现丰富的变化，以适应不同的活动要求与季节更迭；液体介质中的化学粒子在白天吸收部分阳光转化存储，夜晚发出荧光，在不同颜色的溶液中呈现不同颜色，激发场地活力。

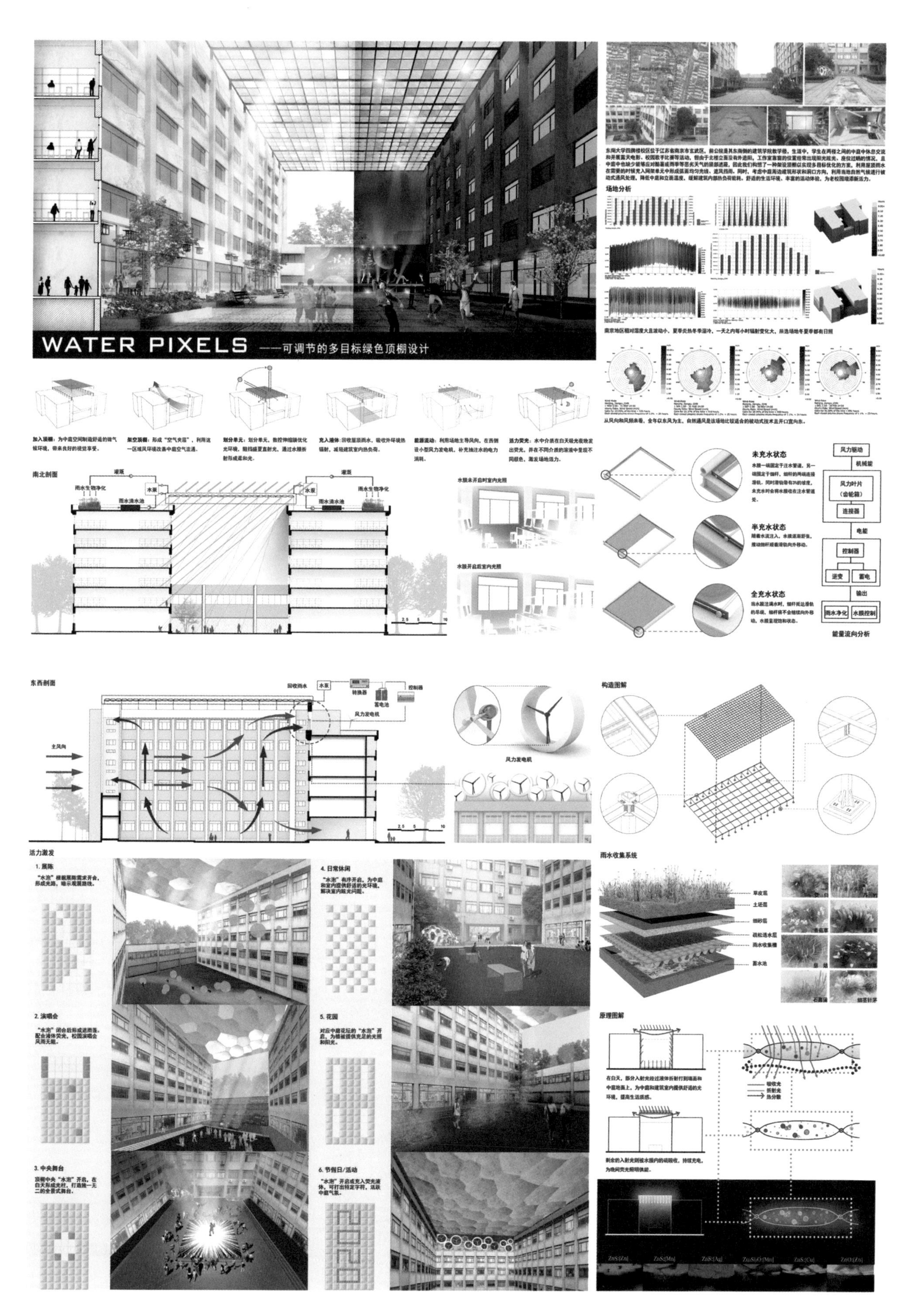
WATER PIXELS ——可调节的多目标绿色顶棚设计
场地分析
加入顶棚：为中庭空间制造舒适的微气候环境，带来良好的视觉享受。
架空顶棚：形成“空气夹层”，利用这一区域风环境改善中庭空气流通。
划分单元：划分单元，数控伸缩膜优化光环境，阻挡盛夏直射光，通过水膜折射形成柔和光。
充入液体：回收屋顶雨水，吸收外环境热辐射，减轻建筑室内热负荷。
能源流动：利用场地主导风向，在西侧设小型风力发电机，补充抽注水的电力消耗。
活力荧光：水中介质在白天吸光夜晚发出荧光，并在不同介质的溶液中呈现不同颜色，激发场地活力。
南北剖面
灌泵
雨水生物净化
水泵
雨水清水池
2.5
5
10
水膜未开启时室内光照
水膜开启后室内光照
未充水状态
半充水状态
全充水状态
风力驱动
机械能
风力叶片
(齿轮箱)
连接器
电能
控制器
逆变
蓄电
输出
雨水净化
水膜控制
能量流向分析
东西剖面
回收雨水
水泵
转换器
蓄电池
控制器
风力发电机
主风向
构造图解
活力激发
1. 展陈
2. 演唱会
3. 中央舞台
4. 日常休闲
5. 花园
6. 节假日/活动
雨水收集系统
草皮层
土坯层
细砂层
疏松透水层
雨水收集槽
蓄水池
石菖蒲
原理图解

生态盒子

——校园建筑绿色更新改造

该方案选取的地址为郑州大学美术学院，通过风环境分析模拟得出建筑中部开敞庭院易产生旋风。同时对美术学院的需求进行调研，对展览空间的迫切需求使得整个设计希望将庭院封闭，扩大室内展场的面积，将生态盒子的概念引入，围绕中庭空间进行内向型设计。中庭的生态盒子承担了展览功能以及画室通风的生态功能。其他的教学盒子、办公盒子等则是在原有的功能空间进行适应性改造，满足人的使用和生理需求，达到节能环保舒适的目的。

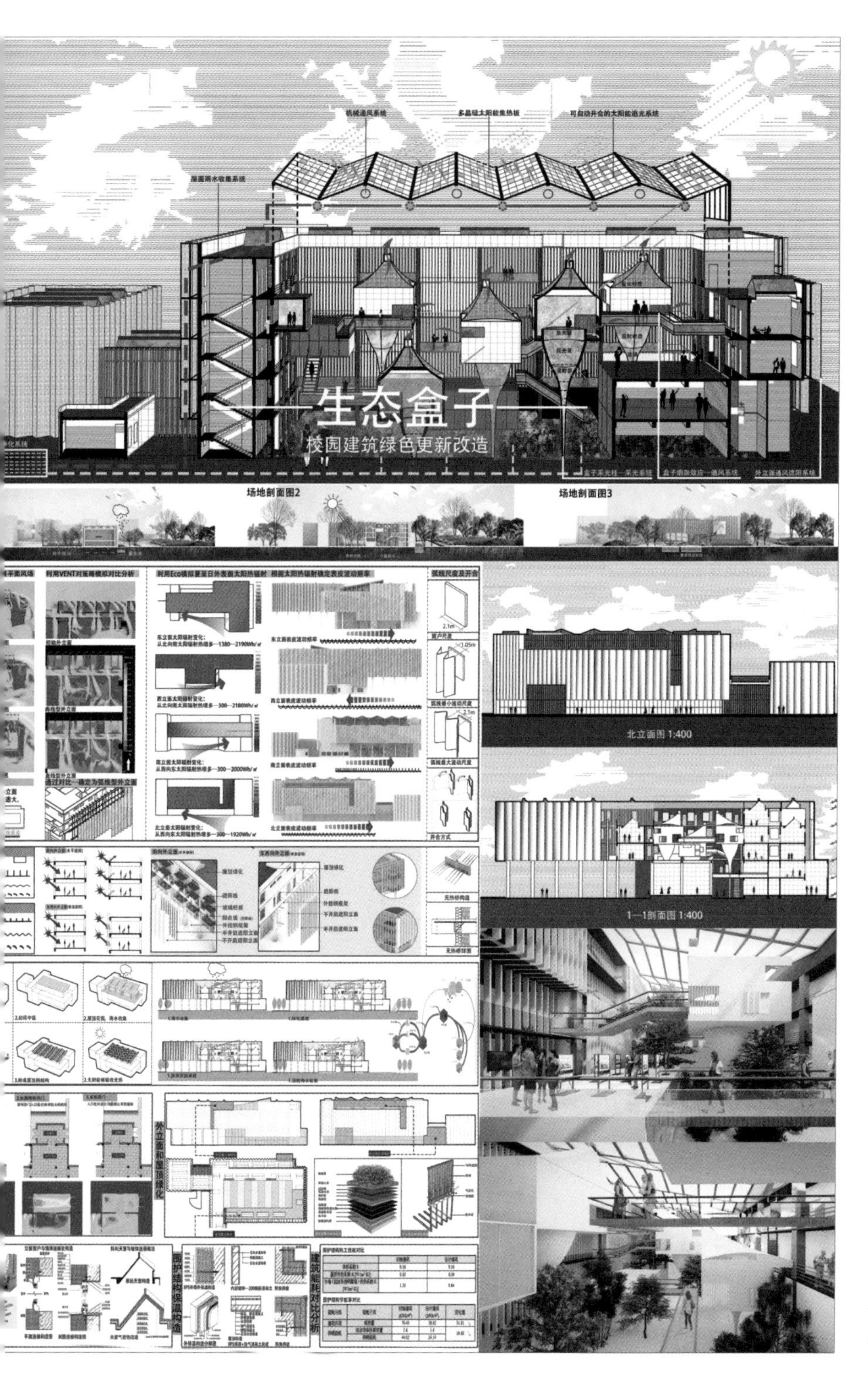

扫码点击“立即阅读”，
浏览线上图片

佳作奖获奖作品
Honorable Mention Award

作者姓名：杨敏　时甲豪
专业年级：建筑学四年级
指导教师：吴迪
参赛学校：郑州大学建筑学院

城“事”缩影

——基于集约化理论的城市型绿色校园空间活化设计

扫码点击“立即阅读”，
浏览线上图片

佳作奖获奖作品
Honorable Mention Award

作者姓名：胡楠　王奥惟
专业年级：建筑学研究生一年级
指导教师：华峰　白旭
参赛学校：昆明理工大学　建筑与城市规划学院

复合型教学综合体，其质疑传统类型学，重新定义组织了校园，并保证其人性化。将水平校园翻转为垂直形态，在垂直城市中植入多种功能，增加校园的密度和绿化。通过将城市学院空置未使用的空隙激活，引发多样社会活动。这是一个契合昆明历史和人口，涉及经济，社会结构，生态的未来城市新类型学概念。

随着用地局限性的扩大，集约化发展将是城市扩张的一条有效理论支撑，校园功能的复合化后，类似阿尔多·罗西所言，校园已不再只是学生学习的场所，“校园是缩小的城市”，校园将成为一个校园文化与社会文化碰撞的场所，是供外界与校内共享的一个城市综合体。校园与城市共生发展，二者关系将比以往任何一个时期都更加紧密。

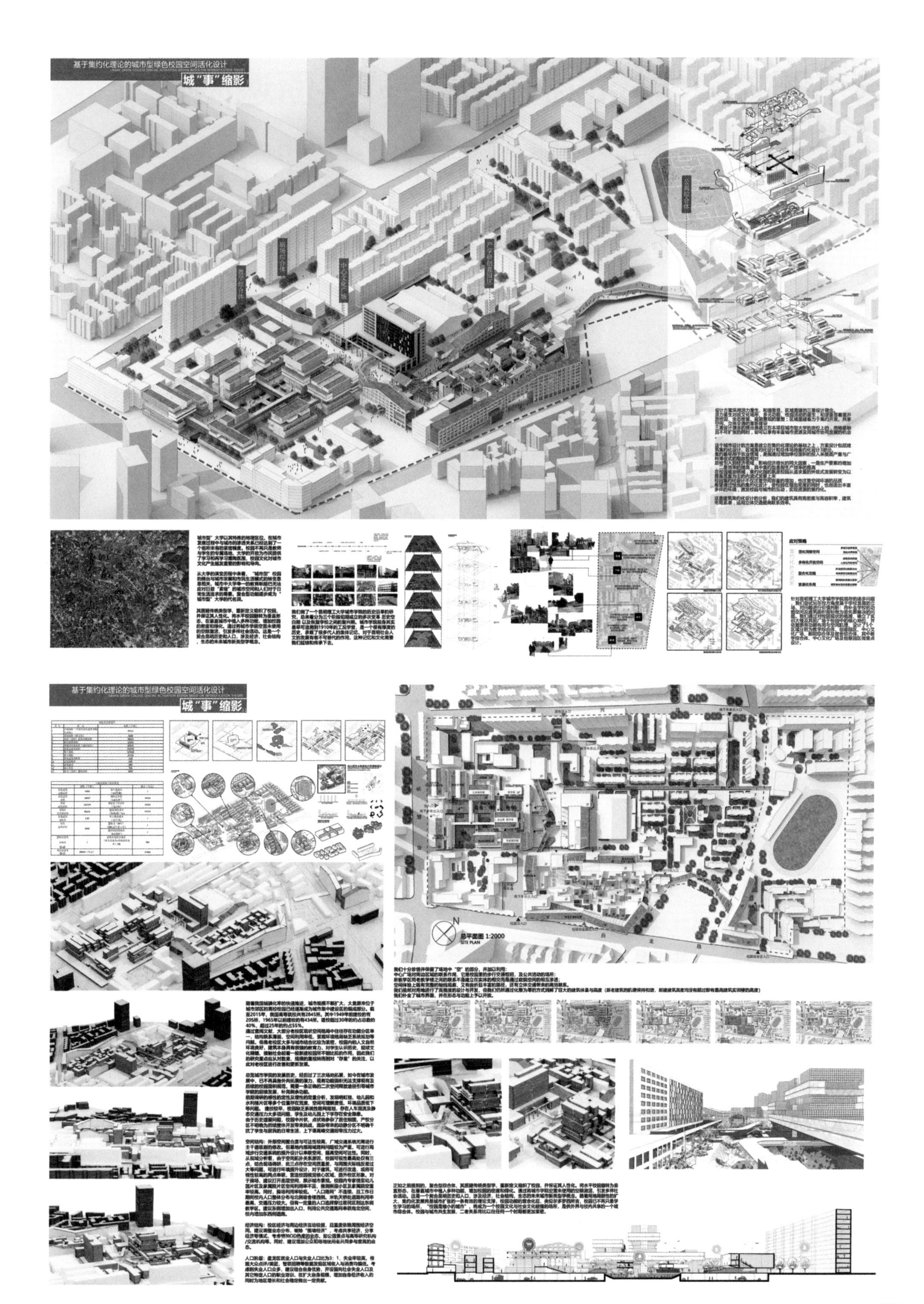
基于集约化理论的城市型绿色校园空间活化设计
城"事"缩影
基于集约化理论的城市型绿色校园空间活化设计
城"事"缩影
总平面图 1:2000
SITE PLAN

基于既有教学楼的扩建改造及立面遮阳设计

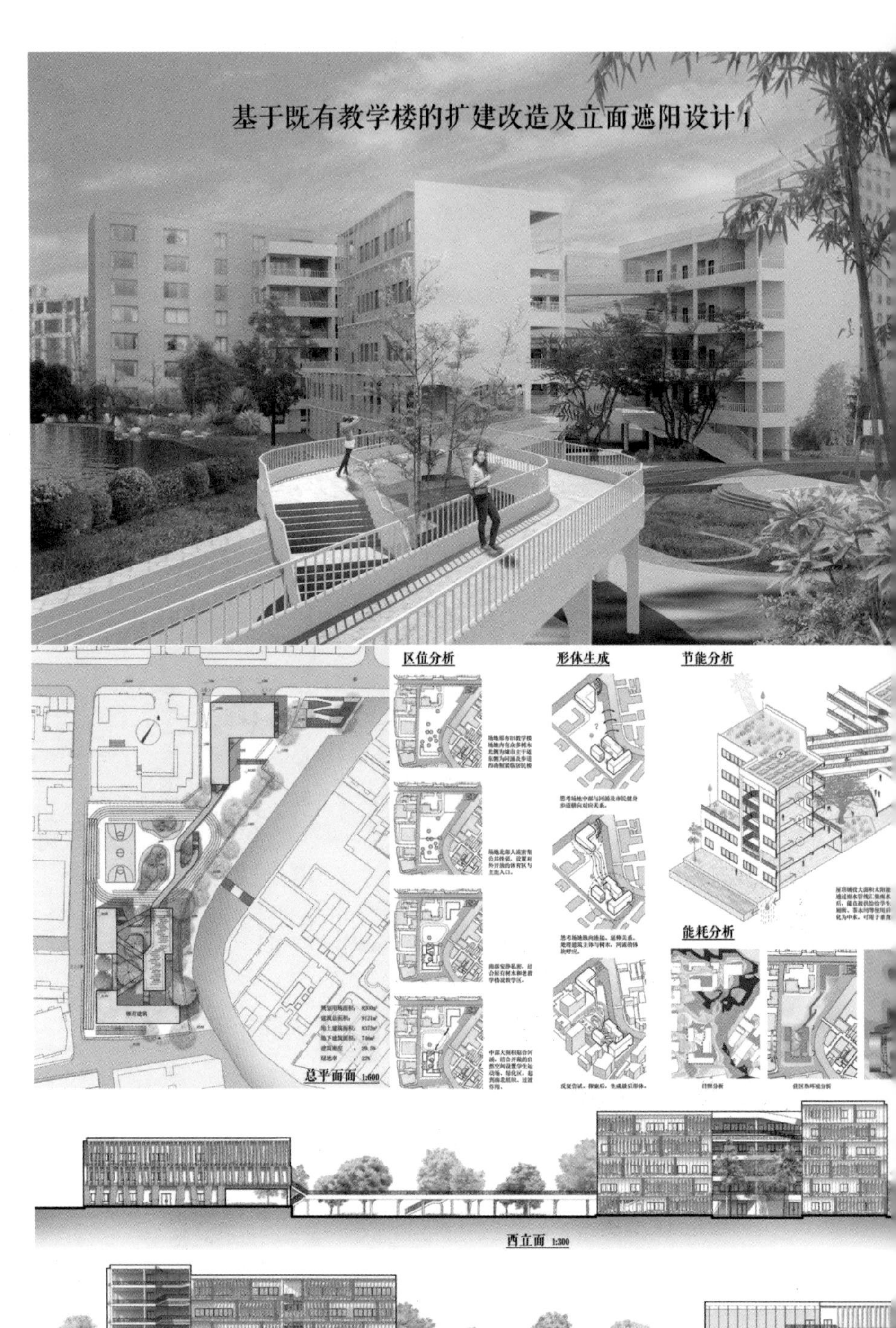

该方案位于广州市荔湾区中心地带，多宝路与荔湾河冲交汇处，地处区域建筑密集。

该方案在基地内部南侧现有 6 层现状教学楼的基础上，进行扩建与改造，设计了一座容积率高，同时能满足师生交流学习的新型校园建筑。

同时，在设计时兼顾美观与实用的需求，在南侧教学楼立面设计了一个可由师生们根据天气情况自由手动调节的活动遮阳装置。师生可以通过手摇构建，实现遮阳板的旋转平移，满足不同时间段的个性化使用需求。

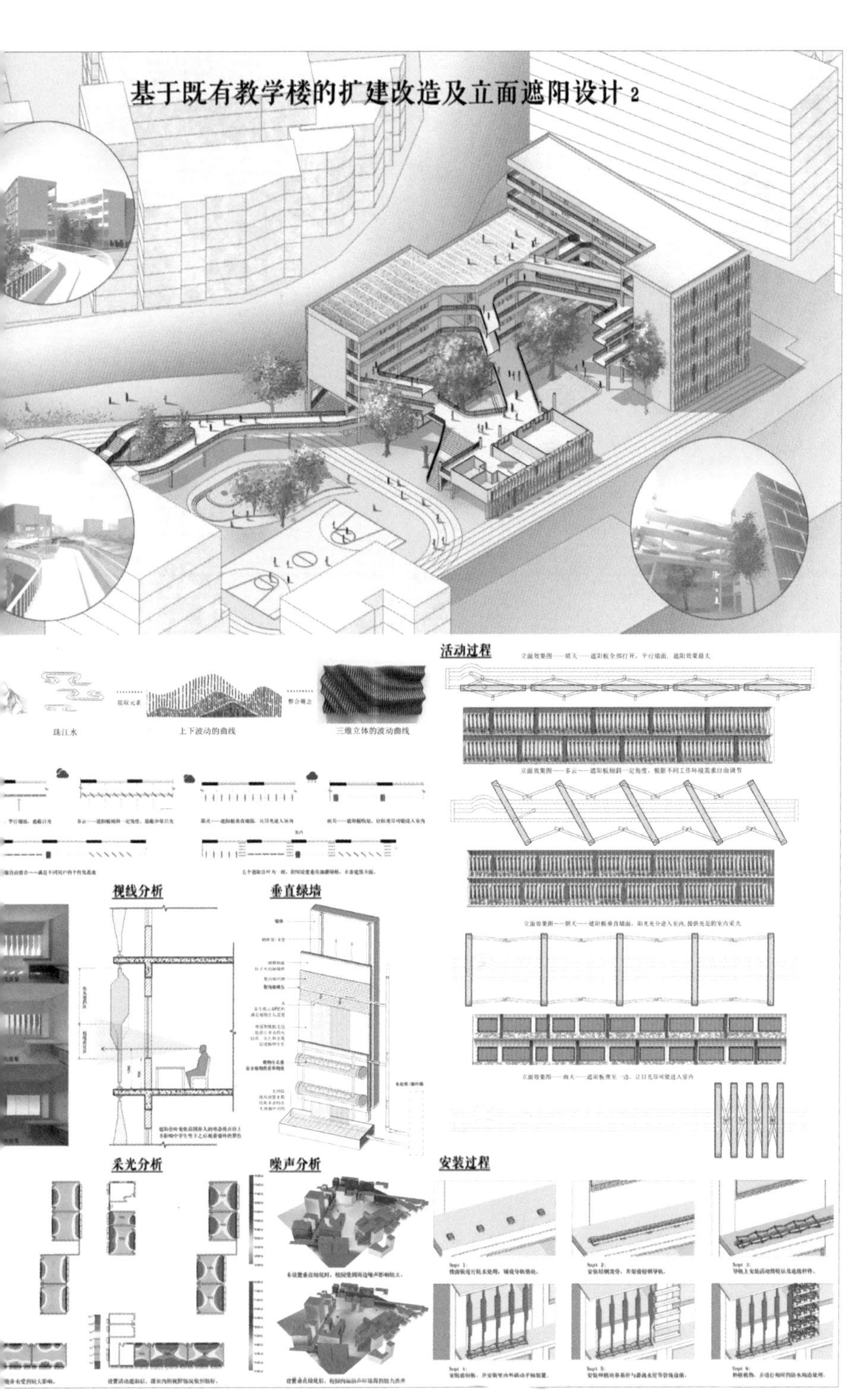

扫码点击“立即阅读”，
浏览线上图片

佳作奖获奖作品

Honorable Mention Award

作者姓名：曾译萱　陶阳　万琪
专业年级：建筑学四年级
指导教师：王静
参赛学校：华南理工大学建筑学院

寻轨·寻迹

——可持续生态景观视野下的校园活力重塑

场地位于成都市某交通大学老校区，随着时间的迁移、人群的迭代变迁，过往的校园空间布局、用地功能既成事实。现有的校园公共空间生态景观价值低、服务能力弱，已无法承载老校园复杂人群的使用需求，成为当今校园生活的主要矛盾。如今的校园已丧失了过去思维碰撞、海纳百川、开放交融的校园精神。

该方案将通过挖掘校园公共空间的生态价值打破原有的矛盾闭环。以特色的“轨道”元素作为生态基础设施，该设施在校园这个巨大的生态体系结构内起伏、交织，除了作为生态绿道，还兼备多种功能。“轨道”还串联内外双结构圈层，形成律动的流线，人群沿着绿道流动至中心区汇集。中心区域滨湖轨道在不同的空间维度起伏变化，形成了差异性的功能空间，人群于此交汇、互动、交流。

通过“轨道”连通内外双圈层，实现提升校园生态景观、构建功能秩序、融合共享空间、传承校园精神，最终使校园空间重新焕发活力。

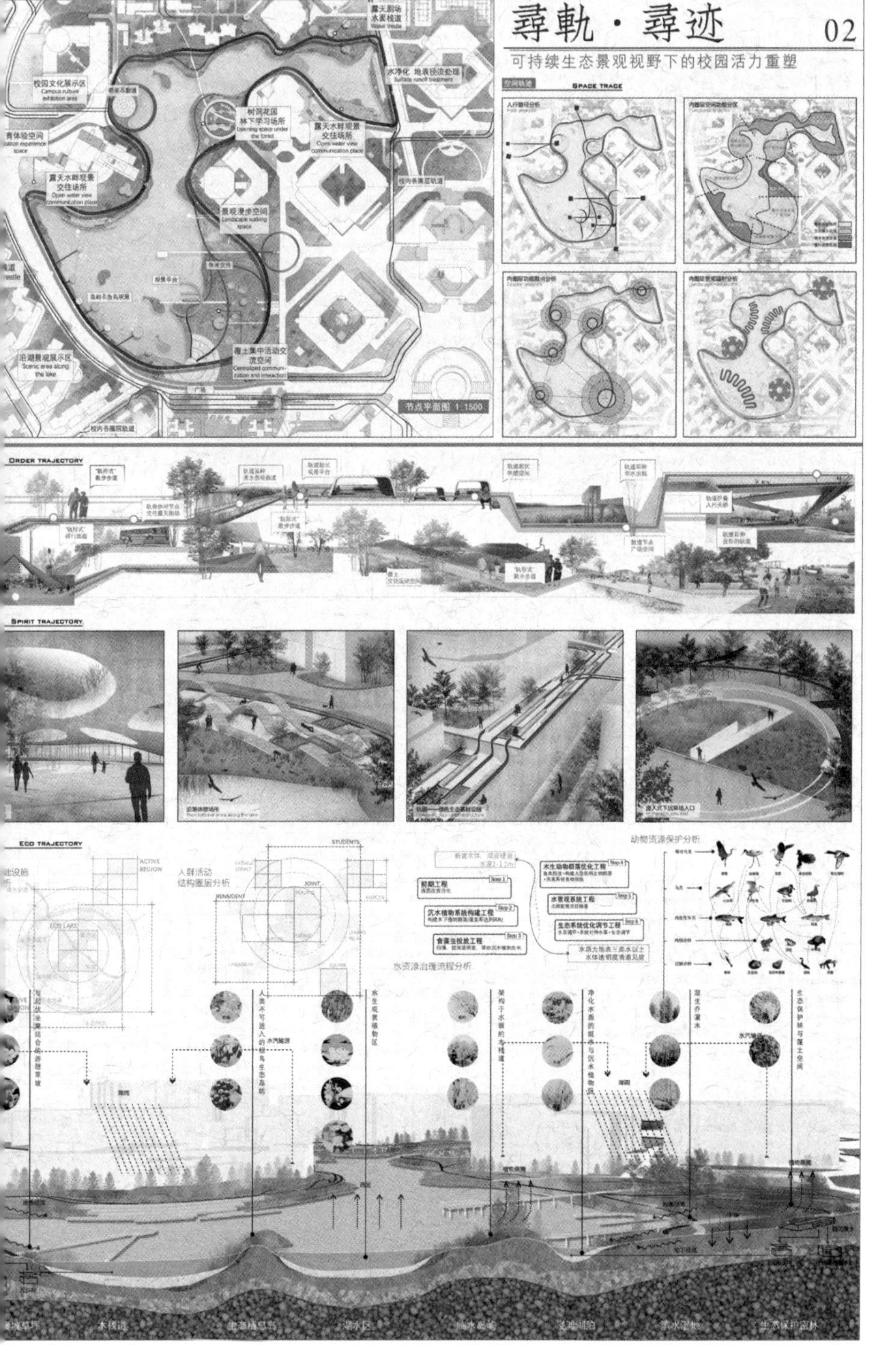

扫码点击“立即阅读”，
浏览线上图片

佳作奖获奖作品
Honorable Mention Award

作者姓名：邵晓白　王一初　刘艾娜　王筱璇
专业年级：风景园林四年级　建筑学四年级
　　　　　城乡规划四年级
指导教师：吴然　张思凝
参赛学校：西南交通大学建筑与设计学院

络驿·集

——老校园绿色新生

该方案选址处为一座已经废弃，部分坍塌的老校区，选址在这里一方面考虑原建筑与城市文脉的相关性、在历史中承担的功能性，该区如果一直处于废弃的状态非常可惜。另一方面该地市中心商业价值大，如果能灵活利用会给市中心老城区带来新的活力。

将该方案定位为：为全大连市学生服务，提供放松、居住、生活体验、学习交流、创业孵化，为全艺术类专业学生提供作品展示平台以及学术交流平台的综合性学生服务中心。希望能够通过该方案来联系城市中各大高校，活跃老城区经济。

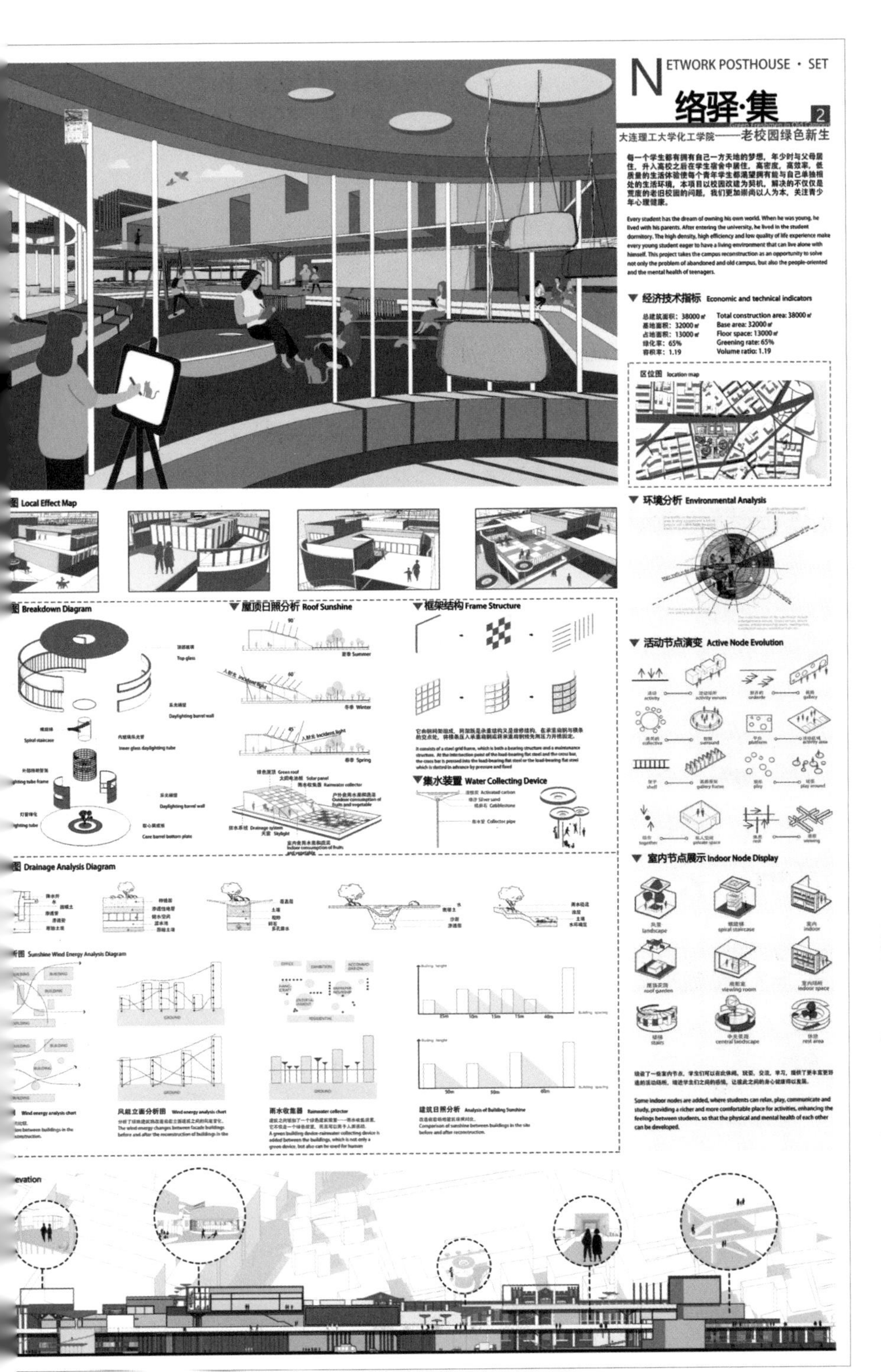

扫码点击“立即阅读”，

浏览线上图片

佳作奖获奖作品

Honorable Mention Award

作者姓名：马杨　黄日辉　薛琛钰　孟昊轩

专业年级：建筑学四年级

指导教师：张广媚　何泉汇

参赛学校：大连理工大学城市学院

乐活书屋

——基于微气候改善与知觉现象学的校园废弃厂区改造

场地位于安徽省合肥市某大学校园内的一个废弃印刷厂，环境恶劣、房屋破败、舒适度差。

通过调研发现当下校园自然环境与人存在割裂，学生、教师长时间在教室、宿舍，感受自然的次数少。

通过运用冷巷通风、水院散热、太阳能屋面板等可持续方式，结合合肥当地气候，利用建筑现象学的听觉、嗅觉、视觉、触觉、味觉的五官感知，重塑绿色校园。

漫步在乐活书屋之中，沉浸式空间与自然的交互体验，感受风、阳光、雨的魅力，激励学生关注自然。

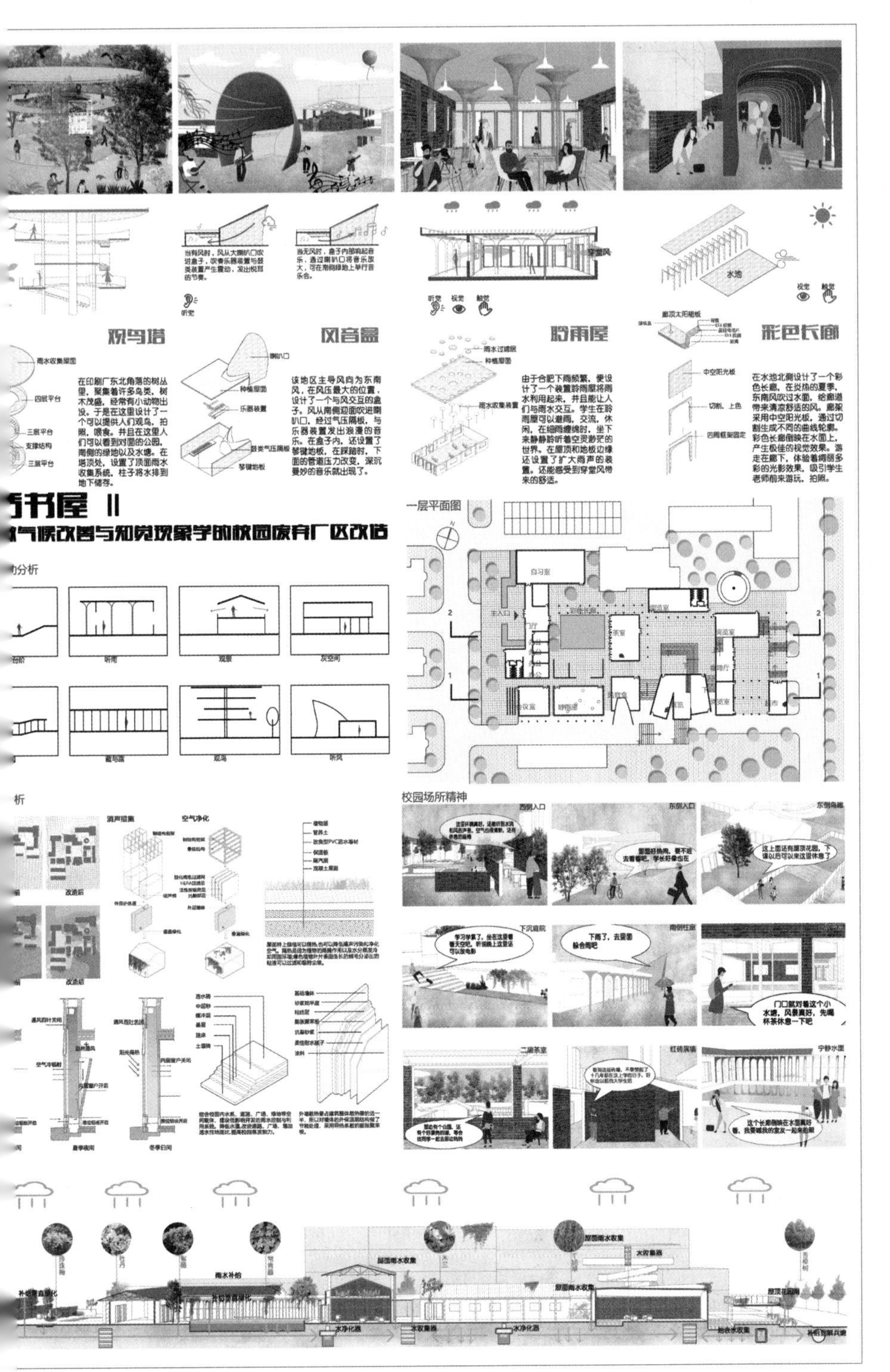

扫码点击“立即阅读”，
浏览线上图片

佳作奖获奖作品

Honorable Mention Award

作者姓名：罗财俊　黄祺越　陈之浩　李王博
专业年级：建筑学三年级　建筑学四年级
指导教师：韩玲　解玉琪
参赛学校：安徽建筑大学建筑与规划学院

绿生创展计划

——泛设计产业文创驱动下的五山校区老旧空间改造

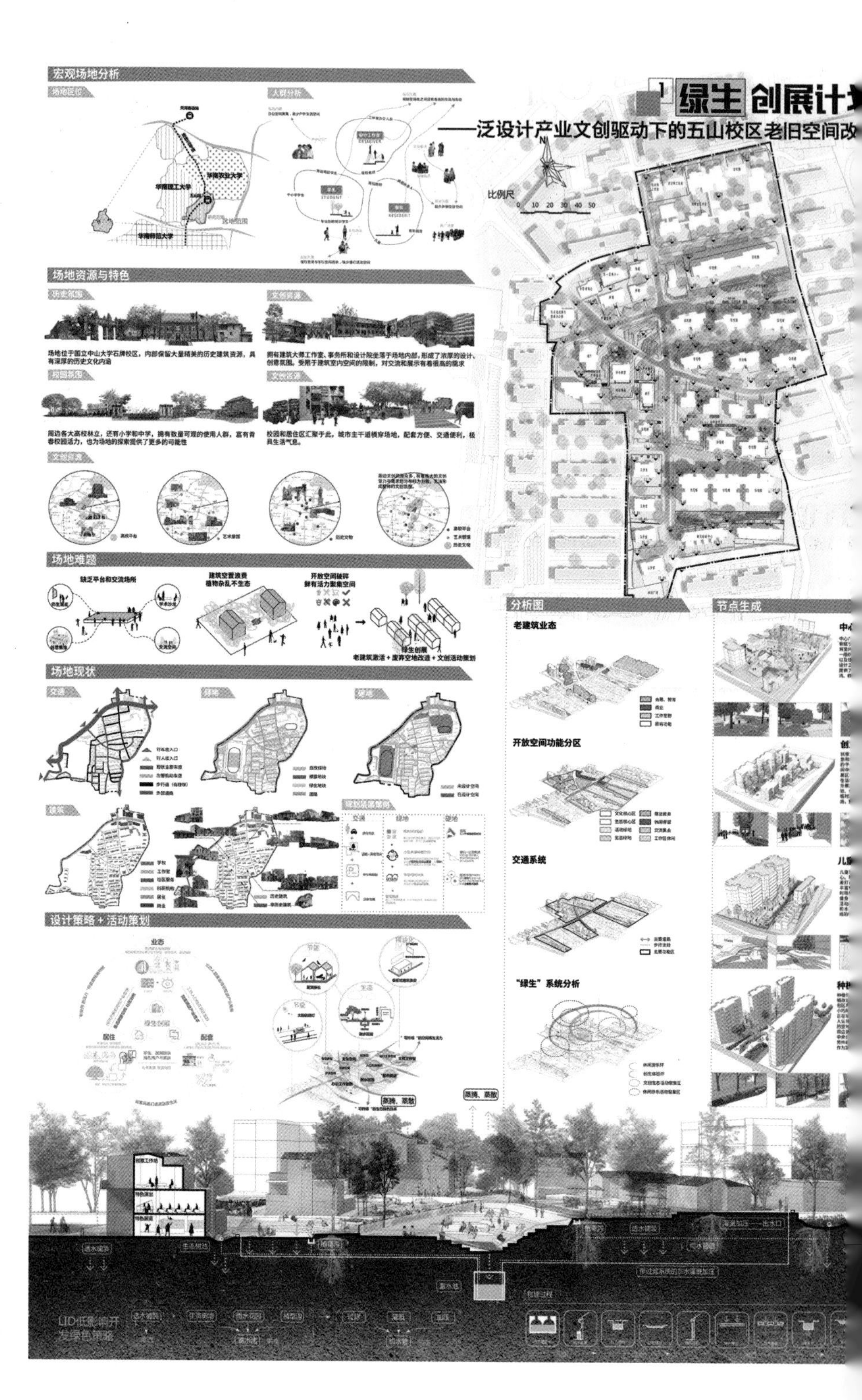

该方案将地处两所高校与城市街道交界处的老旧教职工区作为改造设计基地。以"绿生创展计划"为主题："绿"一指生态绿色，即节能环保技术在老旧教职工区更新中的应用；"绿"二指场地绿色，通过景观场地整合，带动业态更新与老旧教职工区活化，促进人的参与活动可持续，利用低影响开发手段实现场地可持续的运转。

基于场地的设计工作室群、高校浓厚氛围等基底资源，因"绿"而生，实现打造泛设计产业文创展览活力空间计划。

该方案依托老旧建筑改造整合开放空间，提高开放空间使用效率，在节能环保技术和人群活动策划基础上，促进空间的可持续使用与发展，满足了泛设计产业文创业态需求，盘活高校老旧教职工区开放空间。

设计将开放空间分为文创设计办公核心区、生态可持续核心区、展览教育沙龙区、老人儿童休闲区等分区，通过打造中心广场、创意集市、"都市田园"种植体验区等节点，促使建筑与户外开放空间联动使用，为高校师生、住区居民、文创业态工作者提供一个可持续发展共生共容的场所。

扫码点击“立即阅读”，
浏览线上图片

佳作奖获奖作品

Honorable Mention Award

作者姓名：袁子枚　薛蕊　陈梦媛　葛小银

专业年级：风景园林研二

指导教师：李敏稚　林广思

参赛学校：华南理工大学建筑学院

鸟径成屏

——宿舍绿色改造设计

该方案为一大学宿舍楼改造项目。在调研中发现当今大学宿舍居住条件较差，宿舍楼缺少公共活动空间与私人活动空间，各学生相互影响较大。

该方案以折扇为设计元素，为每个宿舍设计了可折叠的私人活动空间。同时，在该盒子里设计了导光板和聚热管以及半导体材料，使其可以充当一个空调盒子的作用。增强室内采光、通风、换热。

同时，在宿舍楼转角处设置滑轨，以可折叠的形式设计了公共活动空间，提高了宿舍生活环境。最后，该方案对宿舍楼内院以及屋顶进行景观设计，使宿舍自然环境品质大大提高。

鸟径成屏——宿舍绿色改造设计（一）

区位分析/Location analysis

现状照片/Status photos

意象生成/Image generation

概念生成分析图/Concept generation an

公共活动空间爆炸分析图/Explosion analysis

小盒子爆炸分析图/Explosion analysis

某宿舍四人活跃程度折线图/Line chart of activity level

宿舍楼利用率/Utilization rate of dormitory building

思路分析/Thinking analysis

SWOT分析/SWOT analysis

可折叠空间分析图/Foldable space analysis chart

效果图/Design sketch

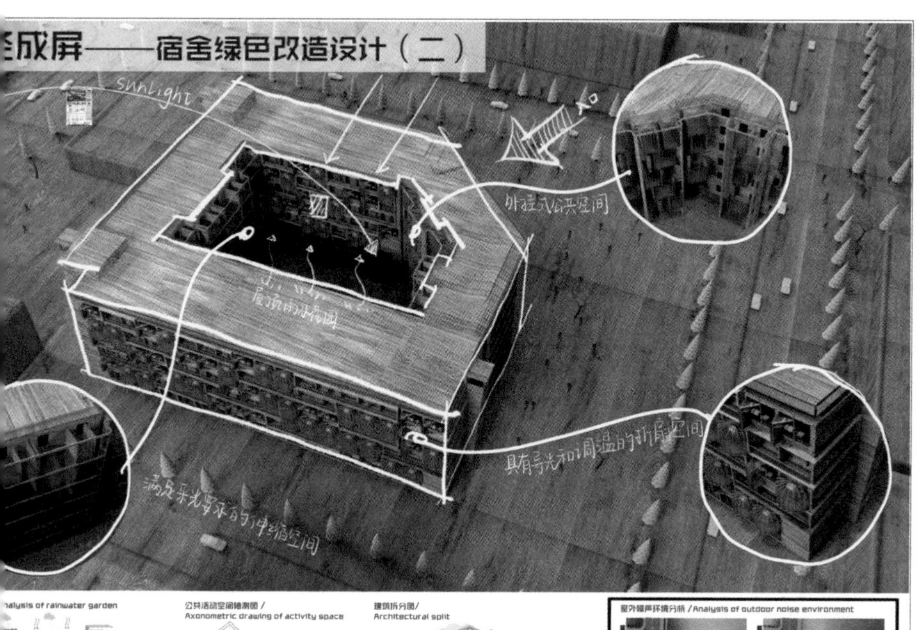

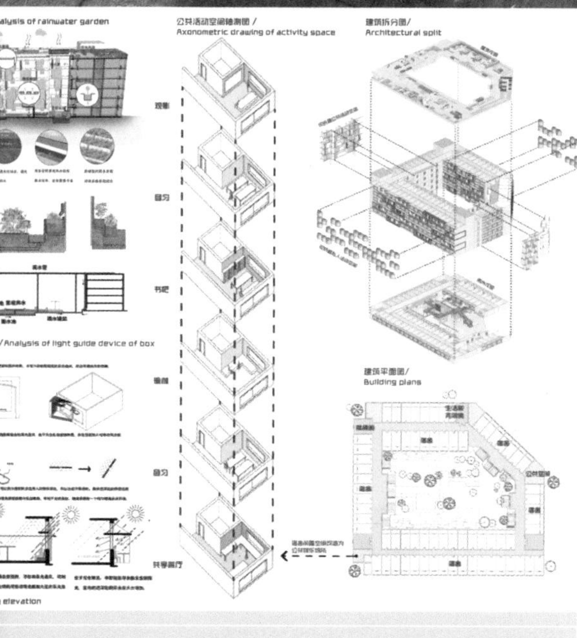

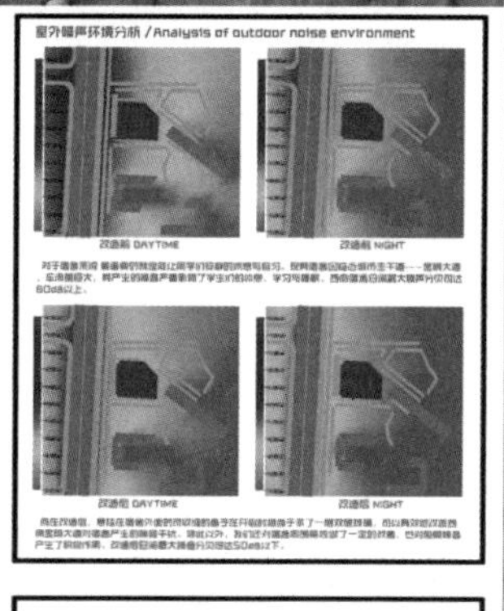

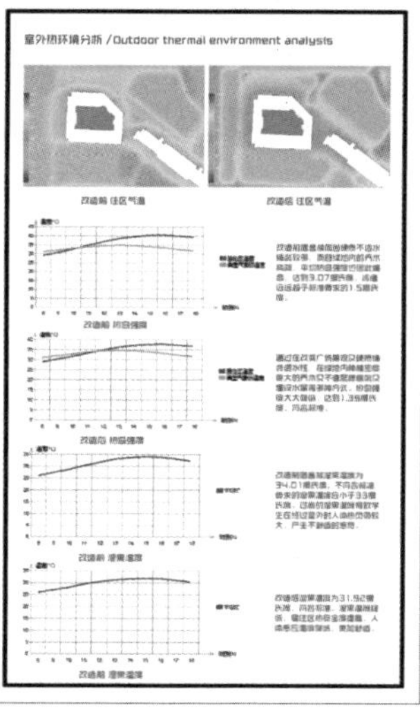

扫码点击“立即阅读”，
浏览线上图片

佳作奖获奖作品
Honorable Mention Award

作者姓名：刘玉婷　辛冠柏　吴昕潞　董振斌
专业年级：建筑学四年级　城乡规划四年级
指导教师：相恒文
参赛学校：河南大学土木建筑学院

十点校园

——基于学生上下课路径的校园灯光规划

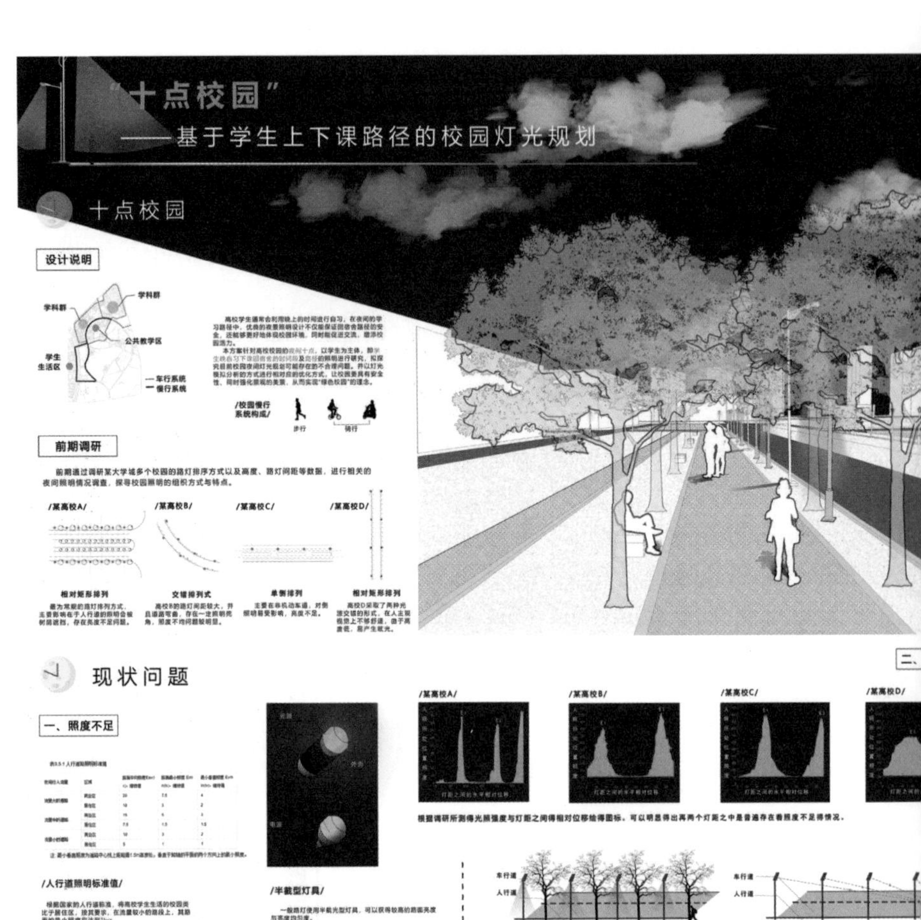

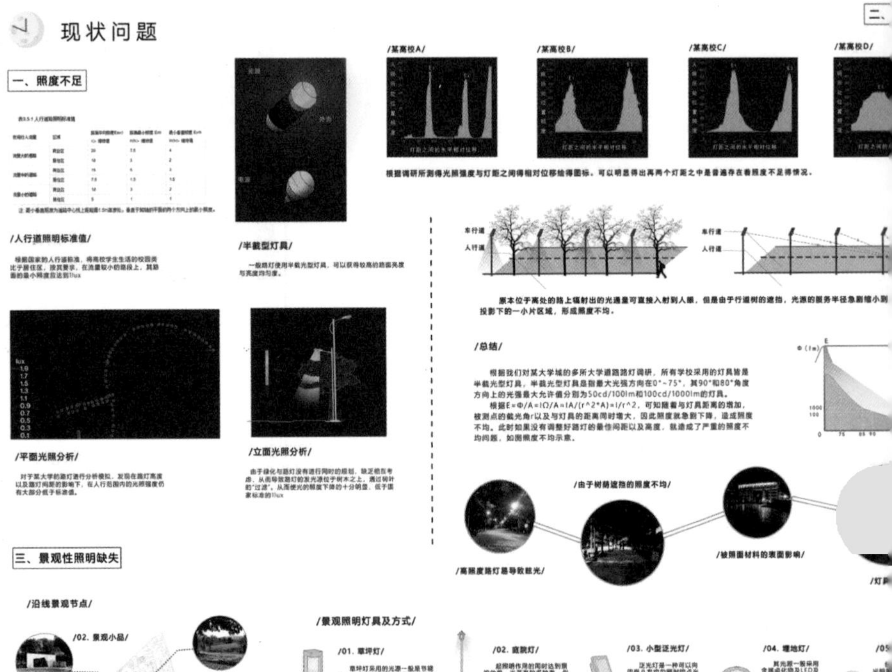

校园面积大，有山有水，分为不同的功能分区，环境优美又复杂。该方案在设计时需要综合考虑大学的道路照明等众多方面，不仅要体现艺术性，也要注重功能性；既要保证合适照度、保证学生身心健康，也要能节约电能，提倡绿色照明环境。

然而在绝大多数大学校园里，路灯设计往往交由一个专业团队，而道路设计却交给另一个团队。由于采用不同的算法设计，以及两个团队之间的协调不足等问题。在施工之后，往往与人的身心需求或是节能理念大相径庭。

因此该方案基于学生上下课的必经之路，对校园灯光进行一个重新规划，力求改善校园道路的灯光环境，且对校园节能的理念作出一些实践。

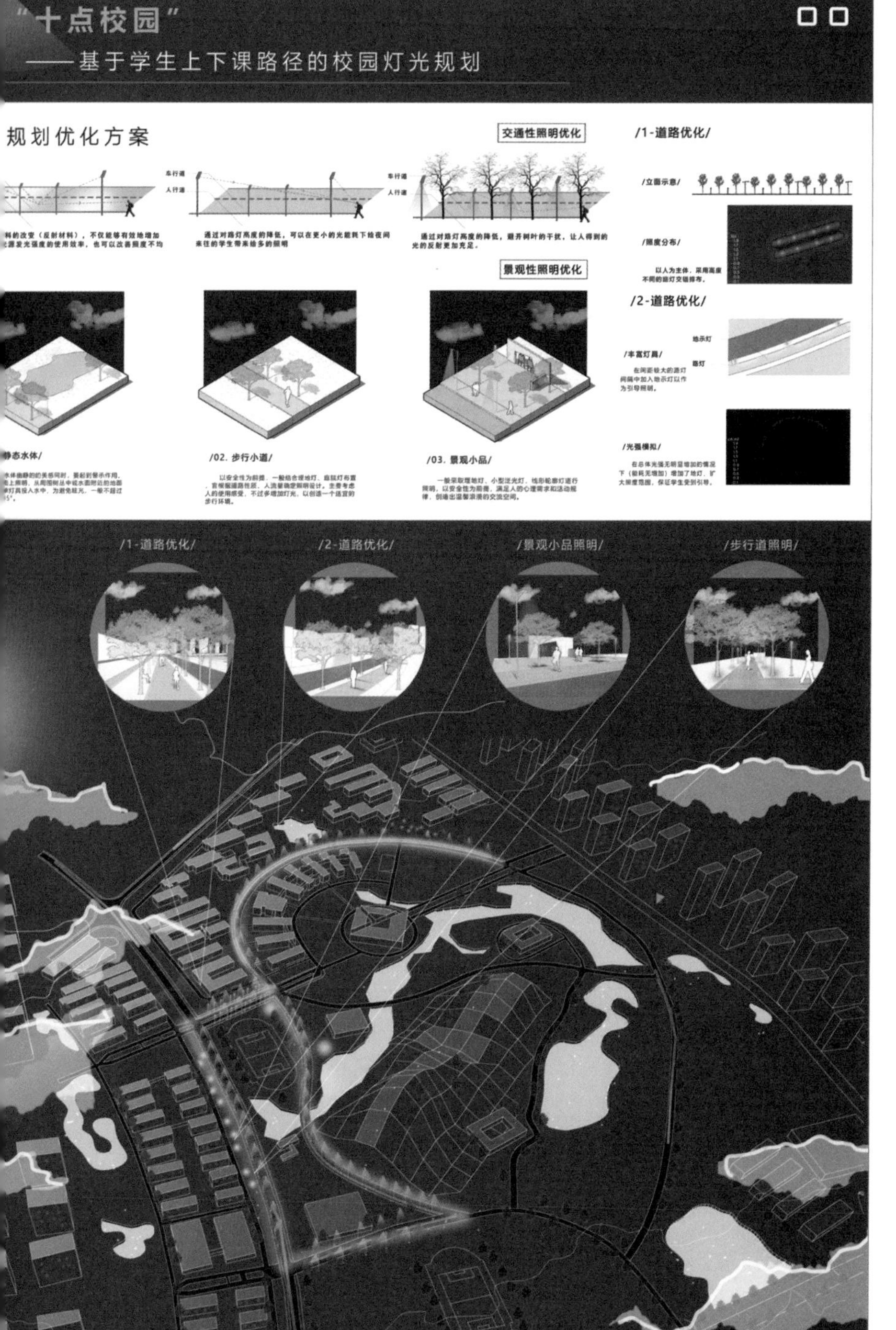

扫码点击“立即阅读”，
浏览线上图片

佳作奖获奖作品
Honorable Mention Award

作者姓名：陈子洋　黄峻琛　徐灵芝　徐天宇
专业年级：城乡规划三年级　建筑学三年级
指导教师：郑琦珊　武昕
参赛学校：福州大学建筑与城乡规划学院

TRAVELLING UNDER THE MUSHROOM

——用净化系统唤醒老校区绿色低碳新生活

该方案基于某校区在长时间使用之后，历经基础设施老化，学生向新校区转移的变迁之后处于荒芜状态，留校学生没有活动空间，周围居民区也属于老旧小区，缺乏基础设施的情况。

依据对老校区活力的唤醒，该方案在废弃操场上设计了一个发电环道，踩踏即可以产生电能，形成自给自足的体系。

重新规划了校园与周边建筑的关系。植入净水系统，收集雨水并处理雨水形成雨水的再利用，节约水资源。同时每一层过滤水赋予其不同用途，吸引居民学生参与进来。通过处理厨余垃圾与落叶来进行黑金土的培育，用净水系统唤醒老校区绿色低碳新生活。

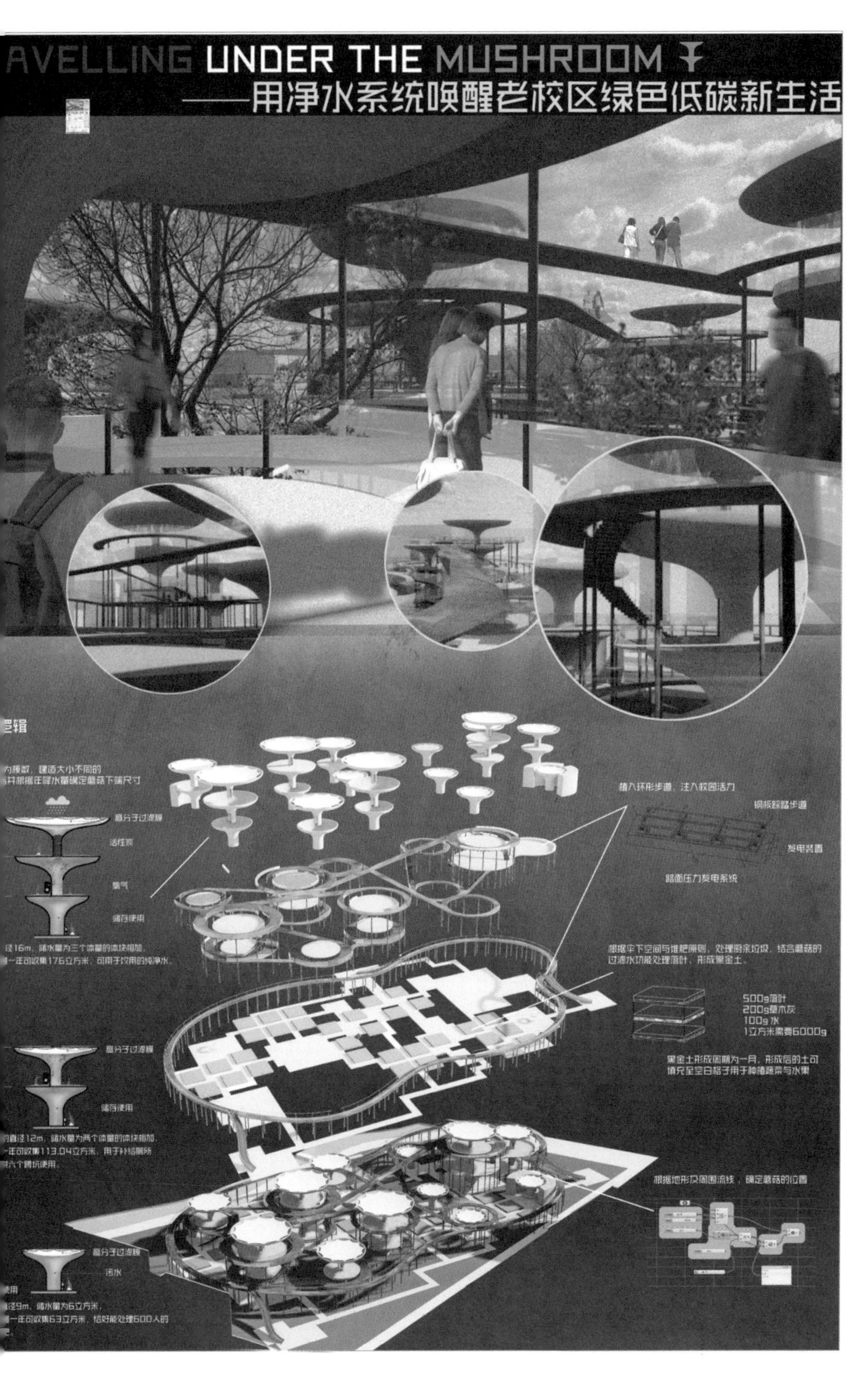

扫码点击“立即阅读”，
浏览线上图片

佳作奖获奖作品
Honorable Mention Award

作者姓名：闵稼馨　冯宇欢
专业年级：建筑学四年级　建筑学三年级
指导教师：无
参赛学校：南京工业大学建筑学院

以汝之名　重塑生境

——基于保护生物多样性为目的的高校水体景观规划研究

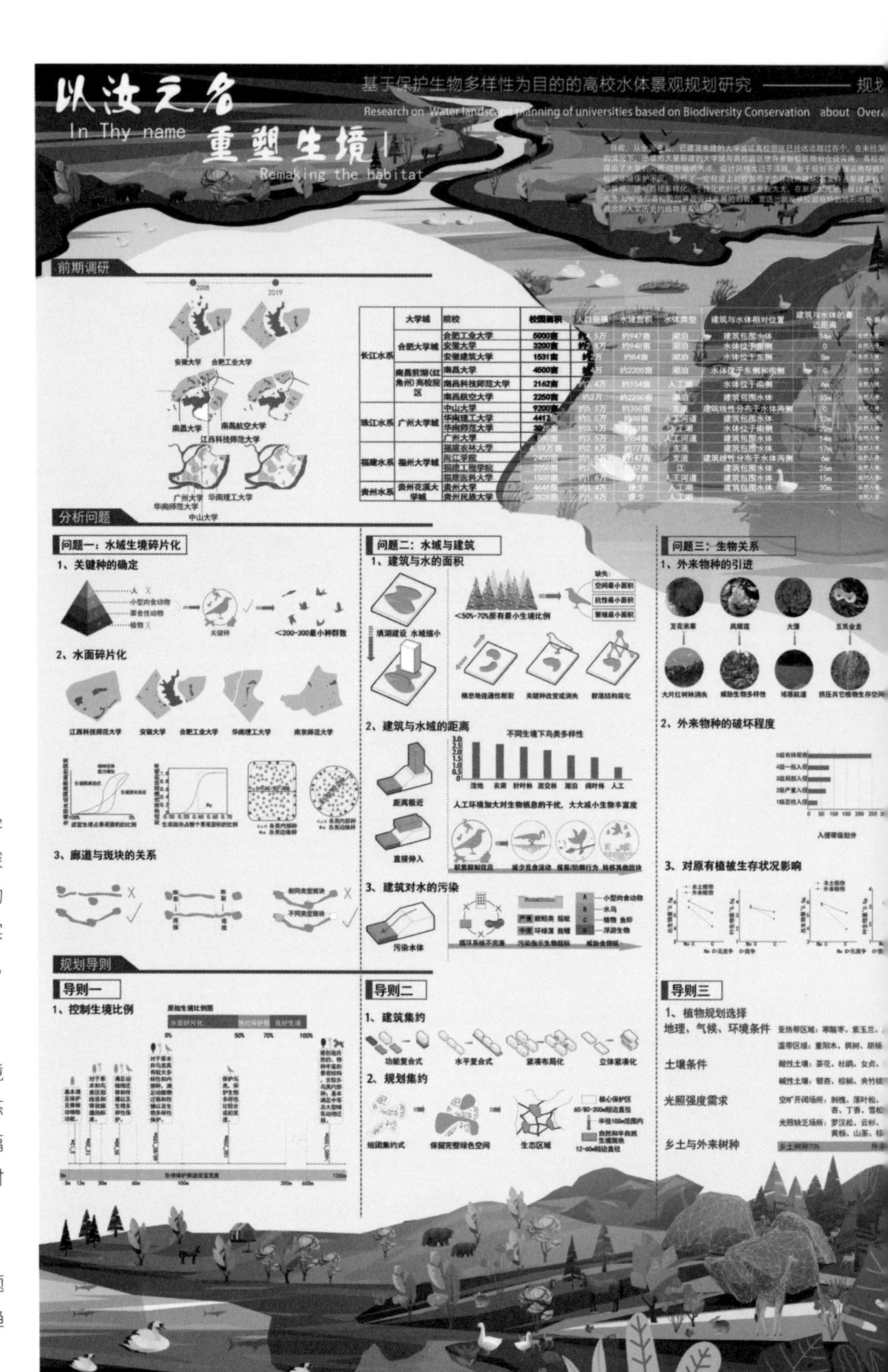

目前，从全国来看，已建及未建的大学城或高校园区已经远远超过百个。在未经深入研究与思考的情况下，迅猛而大量新建的大学城与高校园区使许多新校区规划仓促实施，高校在建设过程中显露出了大量的问题。

过分强调气派，设计风格太过于浮躁、规划不合理从而导致尺度失调。对校园环境保护不足，导致了一定程度上对校园原生态环境的破坏。甚至许多新建高校呈现出千篇一律的格局，这与高校多样化、个性化的时代要求差距太大。

在新的时代里，设计者迫切关注的问题已成为如何适应高校校园景观设计发展的趋势才能营造出能反映校园独特的地形地貌、地域环境、办学理念和人文历史的植物景观。

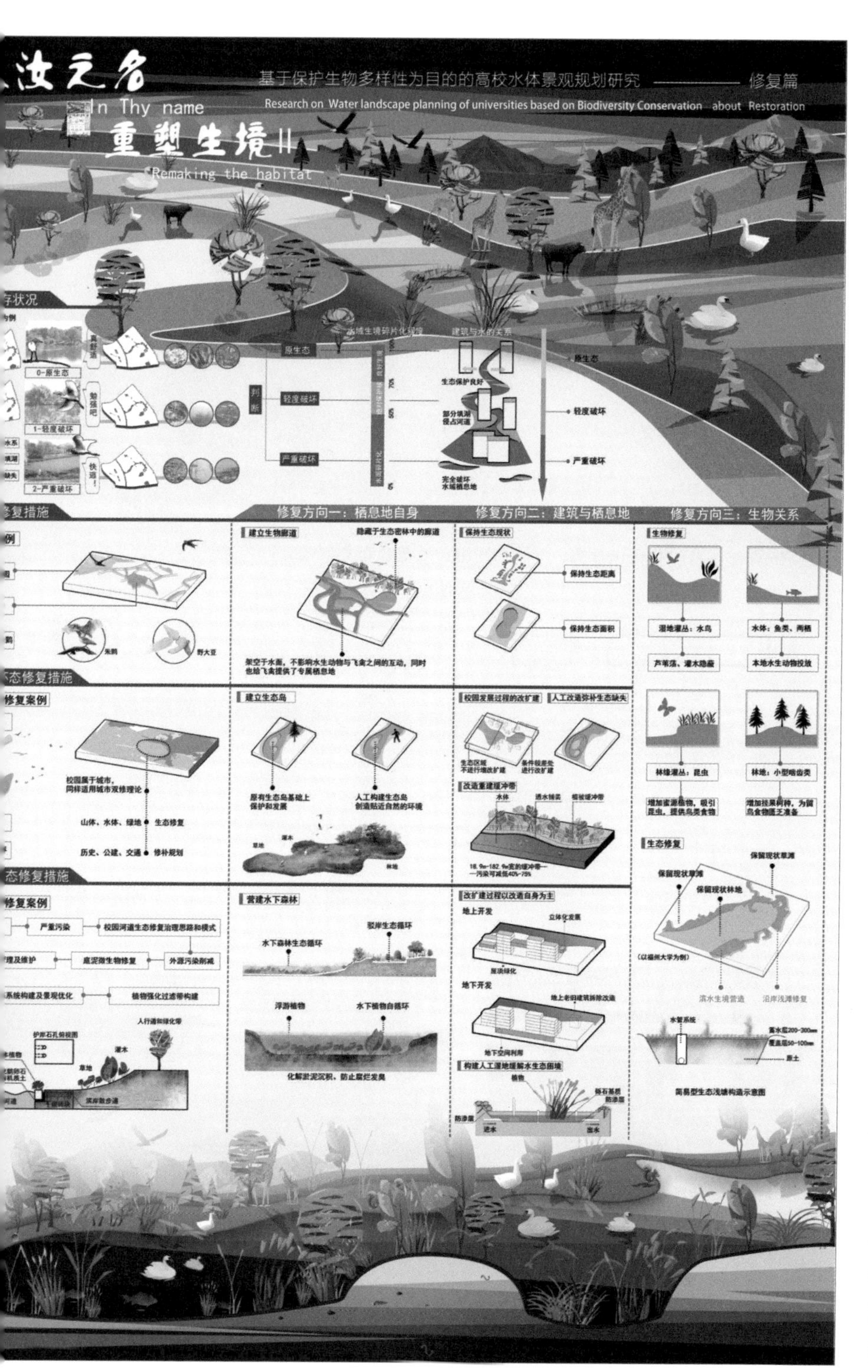

扫码点击“立即阅读”，
浏览线上图片

佳作奖获奖作品
Honorable Mention Award

作者姓名：许湘旎　陈佳怡　陆睿颉　李颖
专业年级：建筑学三年级
指导教师：武昕　郑琦珊
参赛学校：福州大学建筑与城乡规划学院

“站塘”青处

——可观、可行、可游、可居校园更新设计

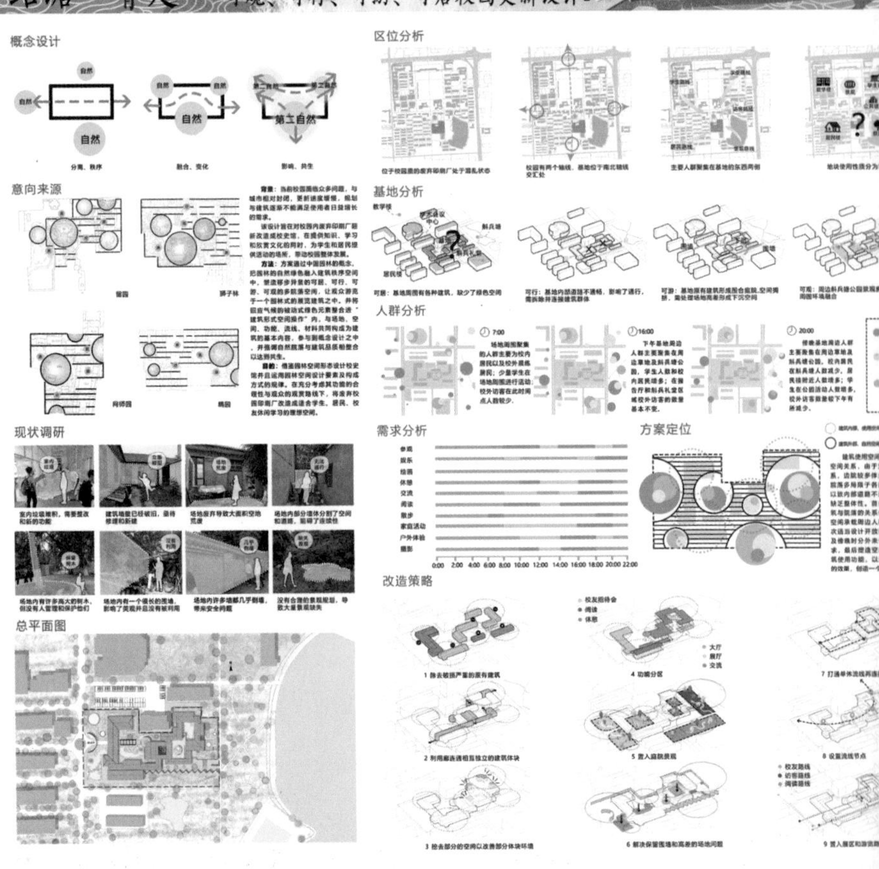

该方案通过中国园林的概念，把园林的自然绿色融入建筑秩序空间中，塑造移步异景的可居、可行、可游、可观的多院落空间，让观众游览于一个园林式的展览建筑之中。

将回应气候的被动式绿色元素整合进“建筑形式空间操作”内，与场地、空间、功能、流线、材料共同构成为建筑的基本内容，参与到概念设计之中，并强调自然院落与建筑品质相整合以达到共生。

目的：借鉴园林空间形态设计校史馆并且运用园林空间设计要素及构成方式的规律。在充分考虑其功能的合理性与观众的观赏路线下，将废弃校园印刷厂改造成适合学生、居民、校友休闲学习的理想空间。

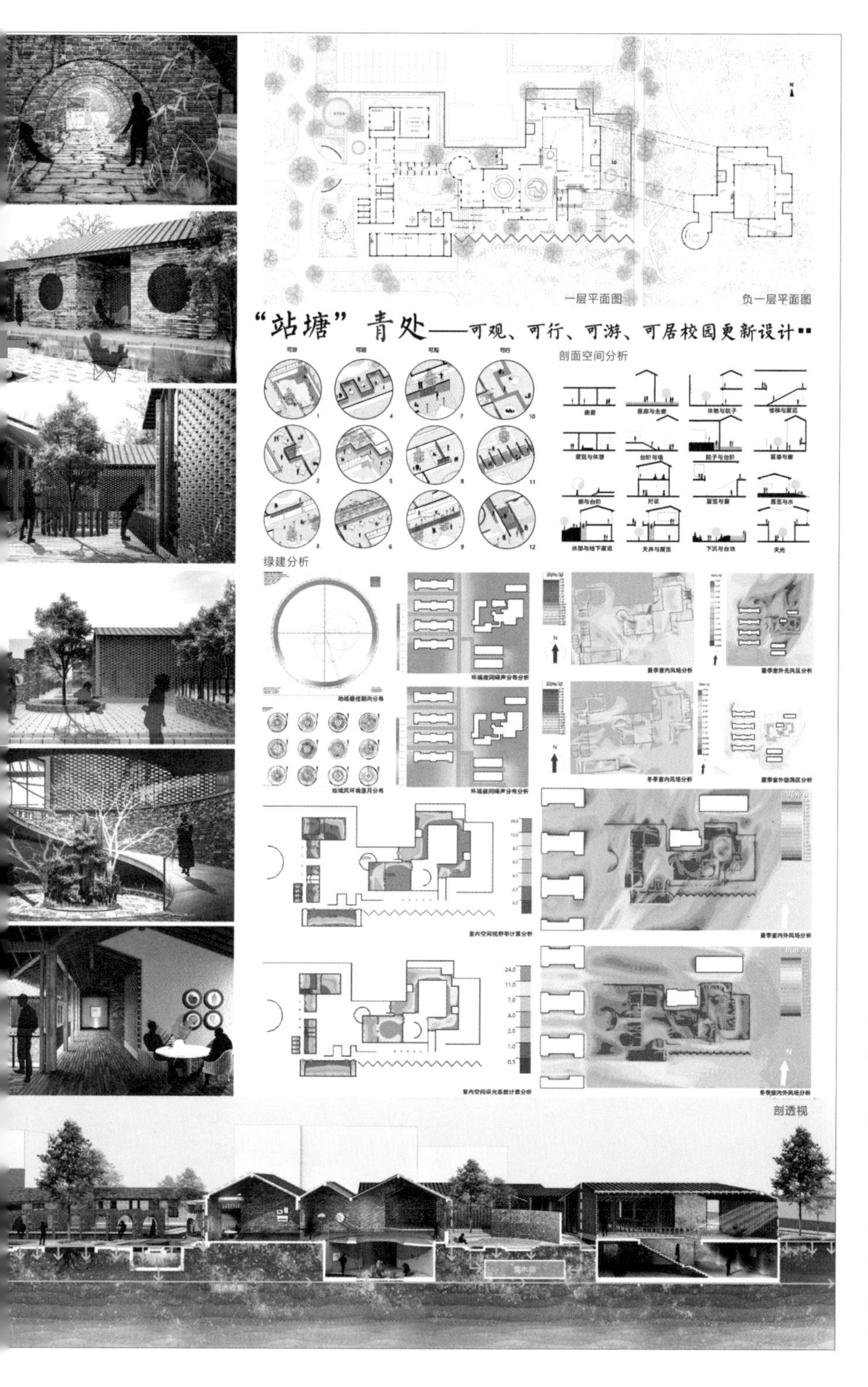

扫码点击"立即阅读"，
浏览线上图片

佳作奖获奖作品
Honorable Mention Award

作者姓名：陈剑　汝文欣　袁晨曦
专业年级：建筑学研一　建筑学研二
指导教师：徐晓燕　刘阳
参赛学校：合肥工业大学建筑与艺术学院

隐形校园

——基于城市中老校园学生街新活力的激活策略

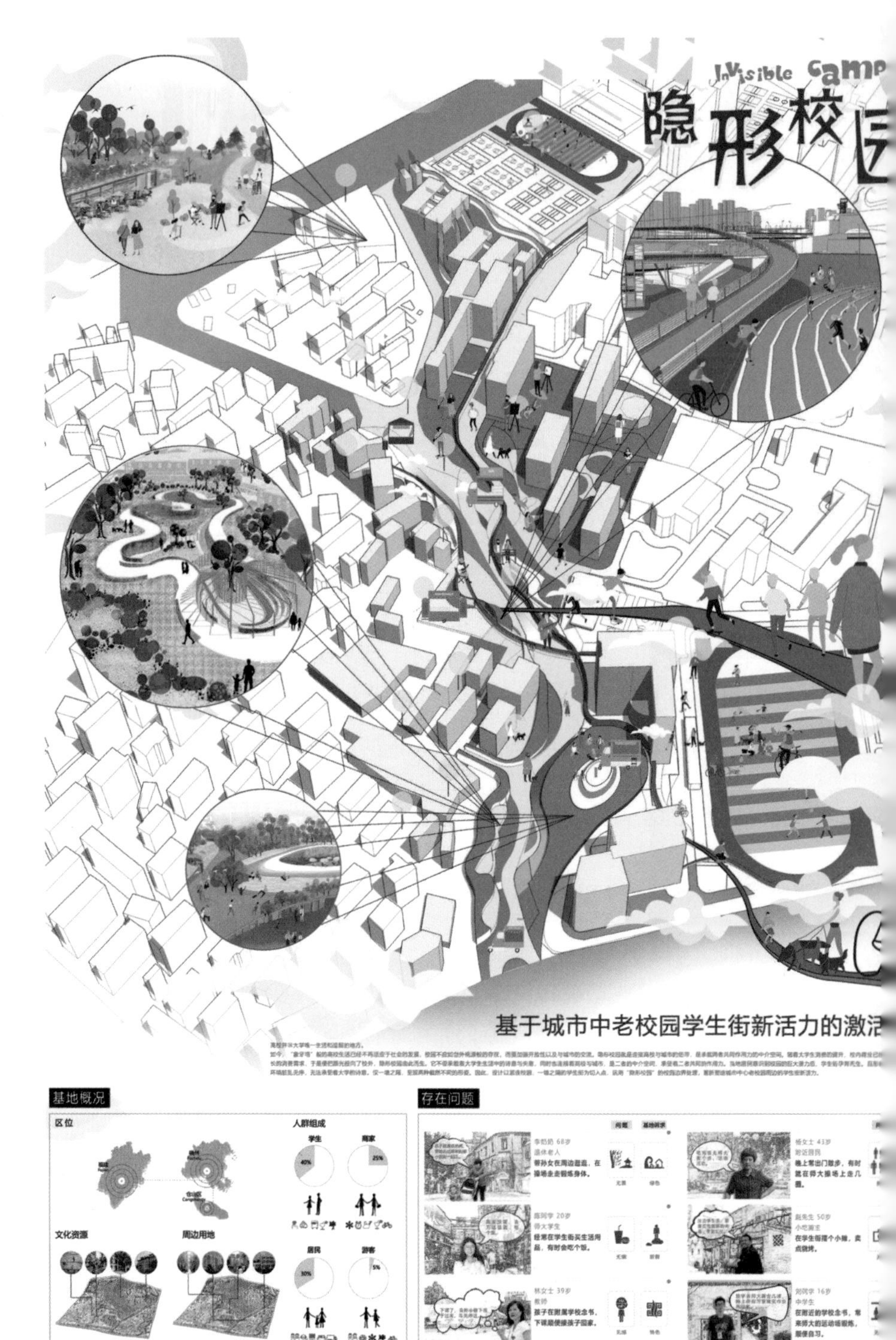

高校并非大学唯一生活和逗留的地方。如今，“象牙塔”般的高校生活已经不再适应于社会的发展，校园不应如世外桃源般的存在，而要加强开放性，以及与城市的交流。

隐形校园就是连接高校与城市的纽带，是承载两者共同作用力的中介空间。随着大学生消费的提升，校内商业已经无法满足他们日益增长的消费需求，于是便把眼光投向了校外，隐形校园由此而生。

它不但承载着大学生生活中的诗意与失意，同时也连接着高校与城市，是二者的中介空间，承受着二者共同的作用力。当地居民意识到校园的巨大潜力后，学生街孕育而生，但其形态具有一定的自发性，环境脏乱无序，无法承受着大学的诗意，仅一墙之隔，呈现两种截然不同的形姿。

因此，该方案以紧连校园、一墙之隔的学生街为切入点，运用“隐形校园”理念进行校园边界处理，重新塑造城市中心老校园周边学生街的新活力。

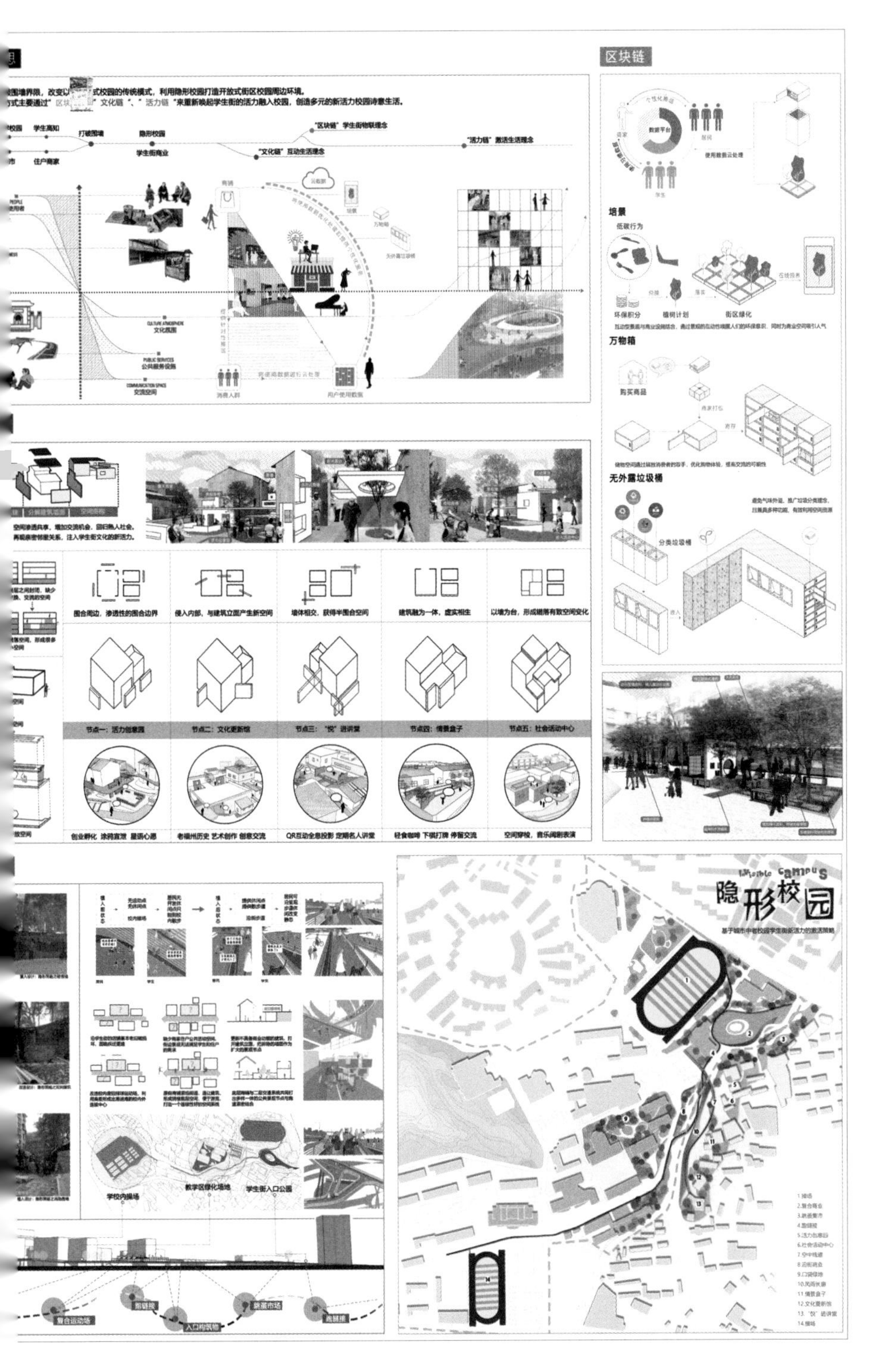

扫码点击“立即阅读”，
浏览线上图片

佳作奖获奖作品
Honorable Mention Award

作者姓名：李世文　林泳宜　陈琳琳　李若鸿
专业年级：建筑学四年级　风景园林四年级
指导教师：余志红　林幼丹
参赛学校：福建工程学院建筑与城乡规划学院

基于气象参数化的校园绿色开放空间重构

扫码点击“立即阅读”，
浏览线上图片

佳作奖获奖作品
Honorable Mention Award

作者姓名：韩晓昱　朱芯彤　杜明德
专业年级：风景园林研一
指导教师：谭瑛
参赛学校：东南大学建筑学院

随着数字化技术的发展，以参数化手段进行前期分析和规划的方式已经逐渐成为设计领域的一大热门趋势。但在实际应用中，由于参数化的研究通常仅限于对场地客观条件的分析，往往会出现规划设计与人群需求脱节的问题。该方案将气象参数化分析与人群需求有机结合，探索数字化背景下新的景观设计模式。

场地面临的主要问题是绿地利用率低下、活力不足和学生没有充足的户外活动空间之间的矛盾。造成这种矛盾的原因是绿地的活动功能缺乏和使用的舒适性差，从而导致现有场地使用活力不足。

该方案从“针对人群研究场地需求度”和“针对气候提升场地舒适度”两个方面来解决这个问题，力求能激活校园绿色开放空间的活力。同时打破学校边界，服务于社会。改造后的场地不仅为师生提供舒适方便的教育教学环境，也为周边居民、外来访客、周边中小学儿童提供满足他们日常游憩、活动需求的空间。

该方案基于调研和官方发布作为原始数据支撑，利用 GIS、Depthmap、Ladybug 等平台进行分析，致力于分析的科学性，从而为设计提供可靠的基础支撑。并且针对优化结果与现状情况进行对比分析，用数据说明优化策略的提升效果。

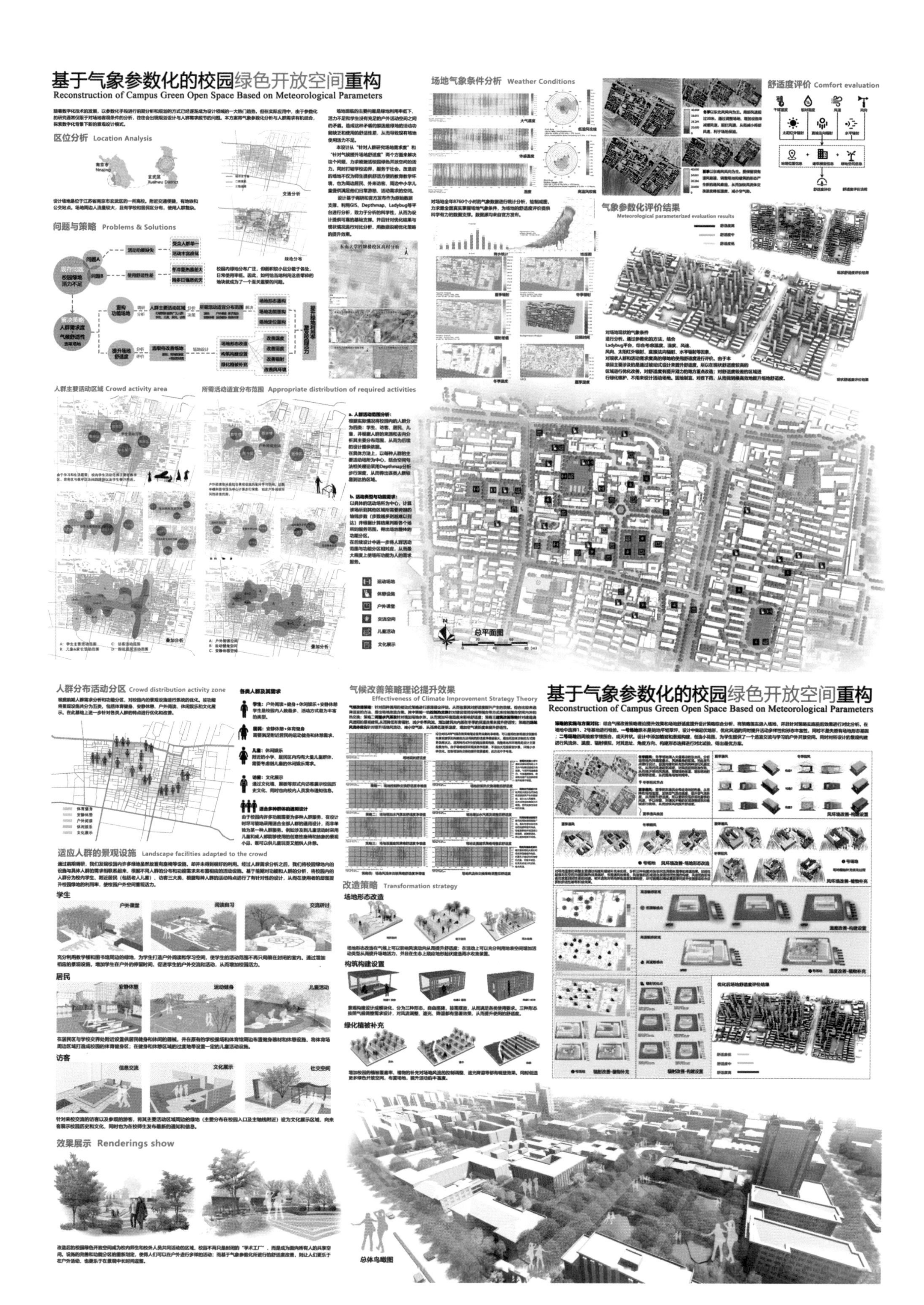
基于气象参数化的校园绿色开放空间重构
Reconstruction of Campus Green Open Space Based on Meteorological Parameters
区位分析 Location Analysis
问题与策略 Problems & Solutions
场地气象条件分析 Weather Conditions
舒适度评价 Comfort evaluation
气象参数化评价结果
Meteorological parameterized evaluation results
人群主要活动区域 Crowd activity area
所需活动适宜分布范围 Appropriate distribution of required activities
总平面图
人群分布活动分区 Crowd distribution activity zone
气候改善策略理论提升效果
Effectiveness of Climate Improvement Strategy Theory
适应人群的景观设施 Landscape facilities adapted to the crowd
学生
居民
访客
改造策略 Transformation strategy
场地形态改造
构筑构建设置
绿化植被补充
效果展示 Renderings show
总体鸟瞰图

山雾

——老校区·新活力

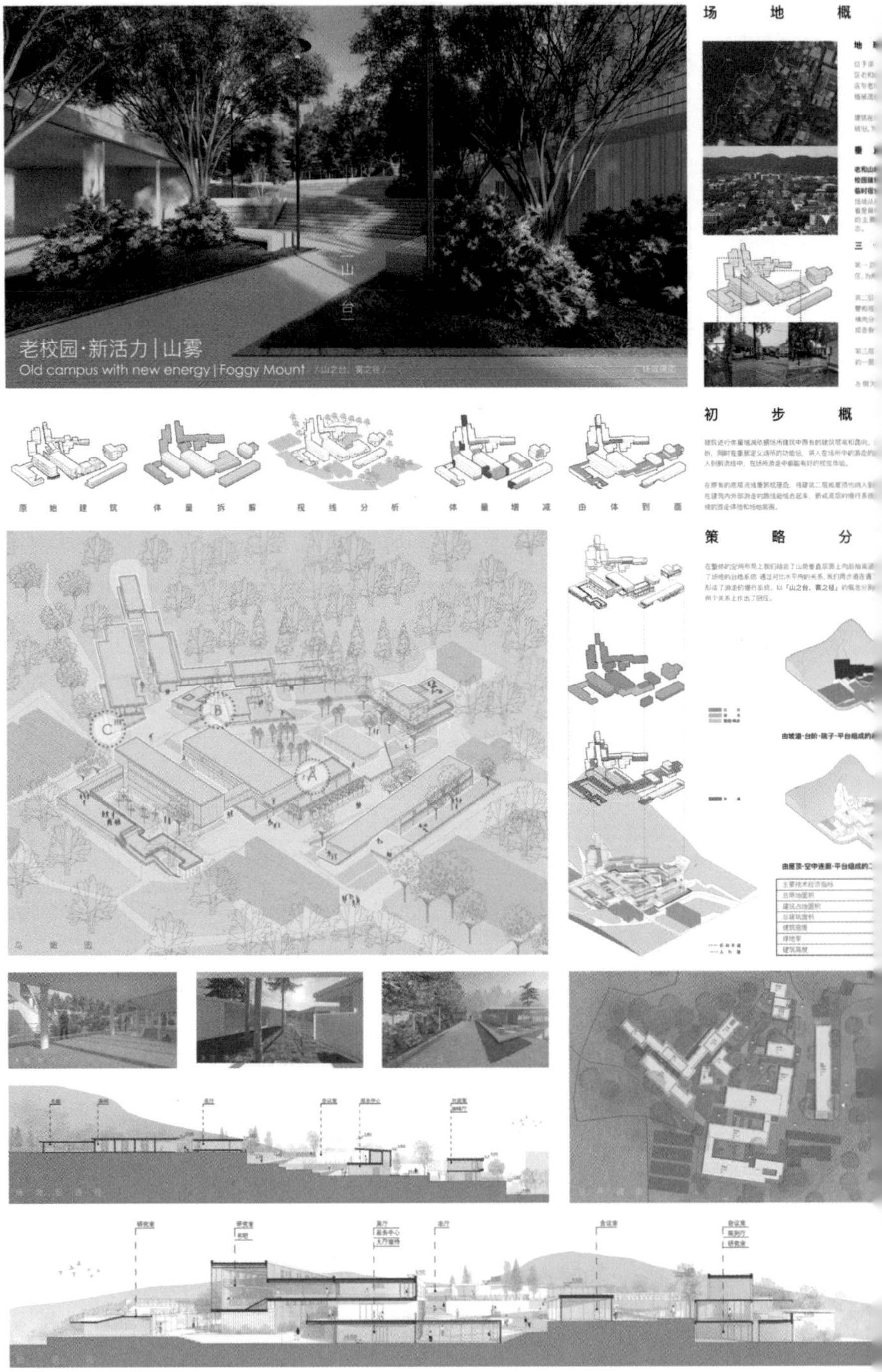

场地是原来给教职工搭建的临时宿舍，地形是一个缓坡，顺势则可以登山而上。

通过调研发现这是一个有强烈学术氛围的场所，学术研究的道路曲折前进上升与场地的特质紧密结合，希望利用这个地方改造成学术交流中心，同时也是从校园进入山林的过渡场所。

在整体的空间布局上，该方案结合山势垂直层面上向后抬高递进的趋势，形成了场地的台地系统。通过对比水平向的关系，我们用步道连通了南北向的交通，形成了游走的慢行系统。以“山之台，雾之径”的概念分别在垂直和水平面两个关系上作出了回应。

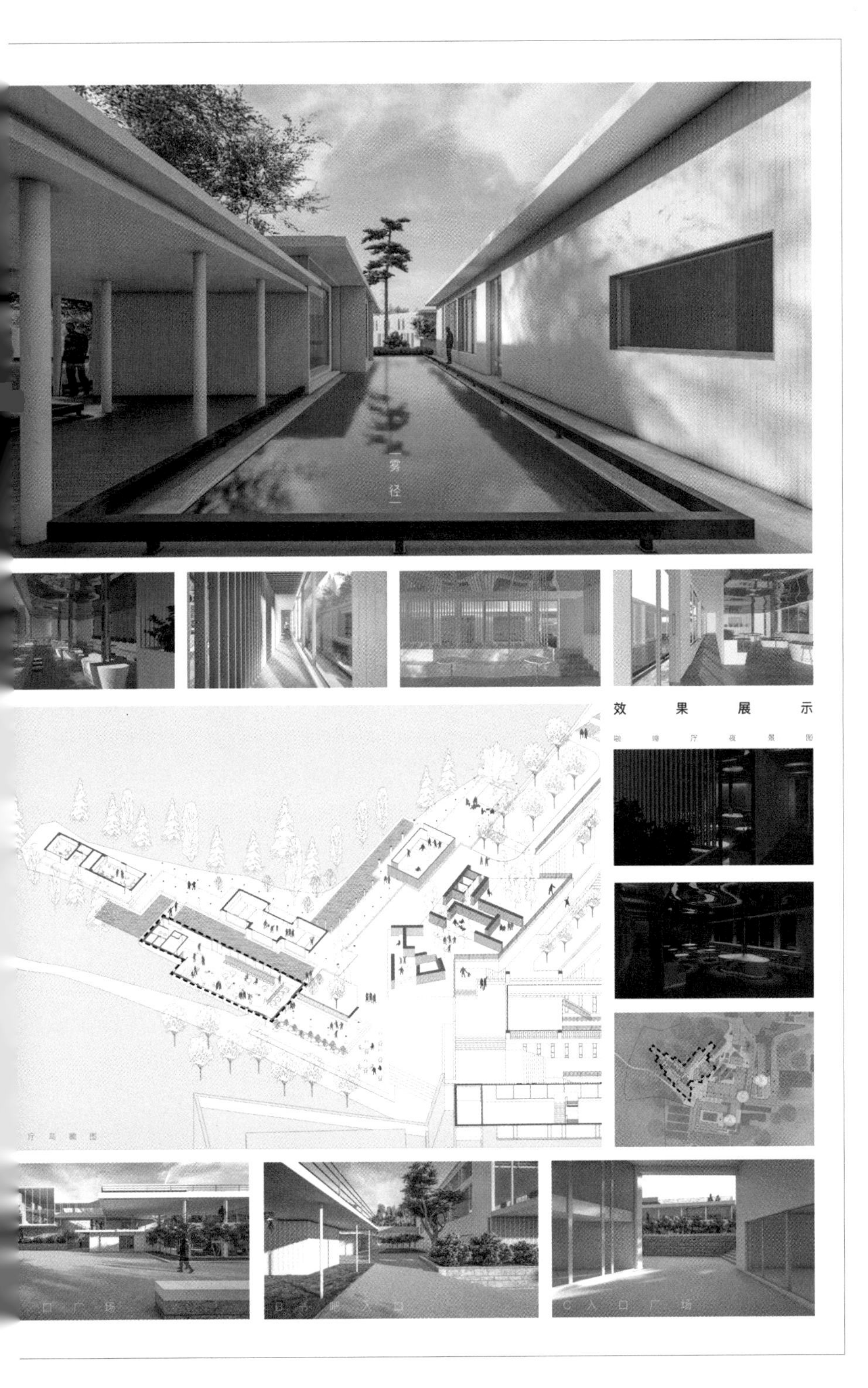

扫码点击“立即阅读”，
浏览线上图片

佳作奖获奖作品
Honorable Mention Award

作者姓名：林柏劭　李阳
专业年级：环境艺术设计四年级
指导教师：周勇　孙科峰
参赛学校：中国美术学院建筑艺术学院

光影成歌

——交互式校园绿色微循环系统设计

扫码点击“立即阅读”，
浏览线上图片

佳作奖获奖作品
Honorable Mention Award

作者姓名：王芷馨　赵俊峰　曹宇　任冉
专业年级：建筑学三年级
指导教师：魏书祥
参赛学校：青岛理工大学建筑与城乡规划学院

该方案选址位于较繁华的地段，历史悠久、用地十分紧张、校区面积较小，当初的校园光环境规划已经逐渐不符合当下的实际情况。

为了改善校园的光环境，提高校园中人群的生活体验，更好地与绿色校园的要求相结合，我们创新性地提出了“两系统一循环”方程式概念，将共享路灯系统与踩踏发电系统结合，并且用人的参与催化出一套校园绿色循环体系。

该方案旨在改善校园中的光环境体验，充分利用校园中人群活动产生的能量，吸引更多的学生，并鼓励其成为校园环境可持续发展的参与者。

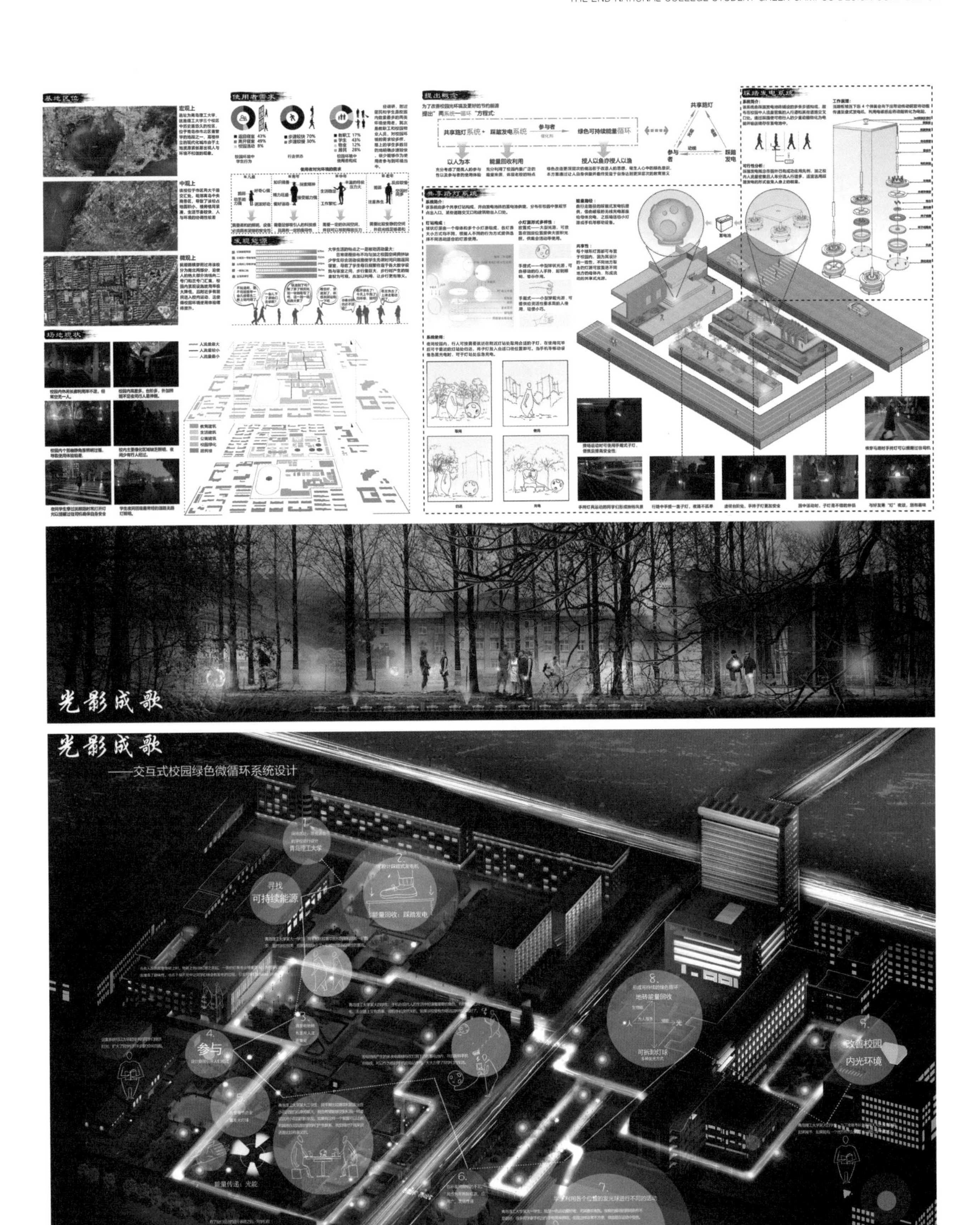

基地区位
使用者需求
提出概念
踩踏发电系统
共享路灯系统
场地现状
发现能源
光影成歌
光影成歌
——交互式校园绿色微循环系统设计
寻找
可持续能源
参与
能量传递：光能
改善校园
内光环境
设计说明
本设计为绿色校园环境改造设计，创新性地提出了“两系统一循环”方程式概念，将共享路灯系统与踩踏发电系统结合，并且用人的参与催化出一套校园绿色循环体系。本设计旨在改善校园中的光环境体验，充分利用校园中人群活动产生的能量，吸引更多的学生并鼓励其成为校园环境可持续发展的参与者
发光灯球节点安插处
规划后的人群活动流线

“绿色疗养”

——基于大学生心理问题视角下的绿色校园活力空间营造设计

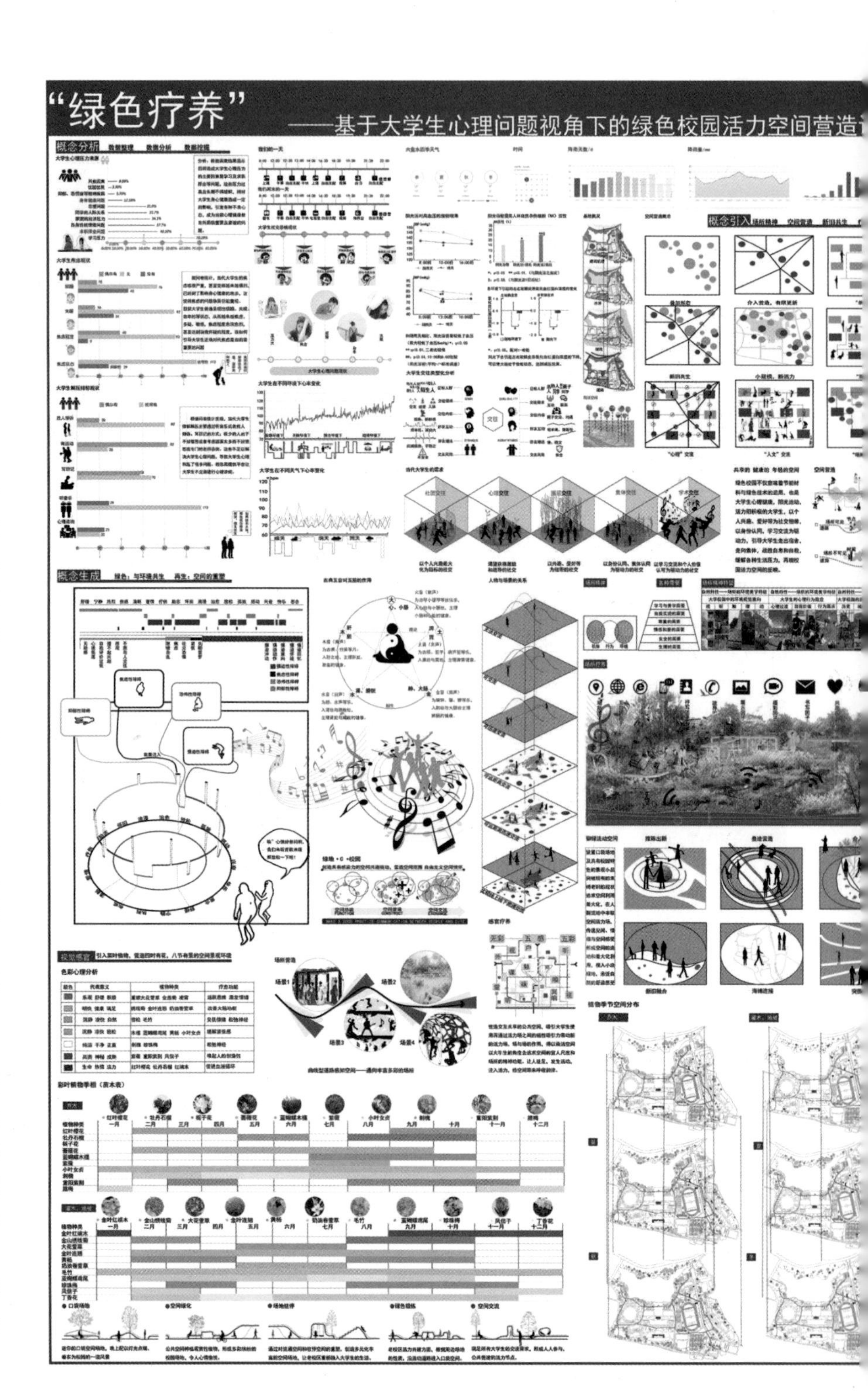

打造绿色校园，不仅仅“绿”在建筑、技术和环境，还会“绿”在心灵。

该方案通过对大学生心理健康状况的调查，得出当代大学生的心理状态，了解当代大学生的心理需求，思考如何改善大学生心理健康的负面影响，将学生心理健康问题与校园的场所精神相融合，打造健康美丽的校园景观和活动场所。

该方案从视觉、听觉、嗅觉、动感等方面打造校园心理疗养活动场所，其中包括了校园植物景观设计、音乐疗养场所设计、音乐疗养运行模式、校园心理咨询连线室设计。方案除了在心理疗养的场所营造外，还加入了绿色技术板块，通过阳光校园跑活动，设计可发电的跑步小屋，借鉴日本发电地板，设计音乐跳舞广场，其产生的电能可供给周边用电设施使用。

该方案充分利用山地校园的独特地形高差优势，采用山顶蓄水，屋顶太阳能加热的方式，利用连通器原理将温水输送至校园每个角落，满足学生的日常使用需求。只有通过绿色景观、绿色技术、绿色心理的结合营造，充分考虑学生的心理需求创造的校园，才是真正的绿色校园，才能真正地带给学生温暖与记忆，才能使校园变得更加拥有归属感。

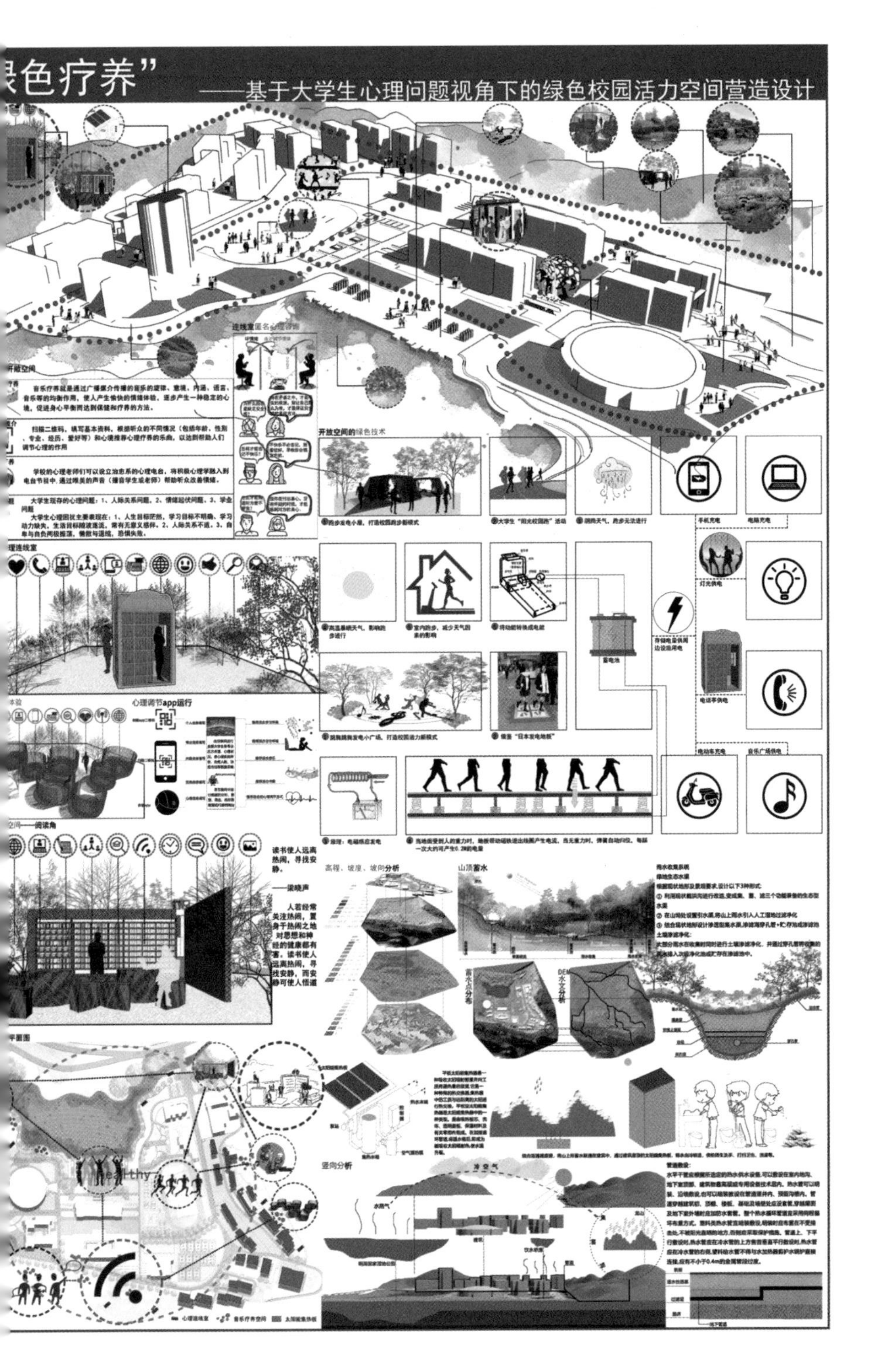

扫码点击“立即阅读”，
浏览线上图片

佳作奖获奖作品
Honorable Mention Award

作者姓名：罗彩　齐海萍　舒洪姗　乔蔓
专业年级：城乡规划四年级
指导教师：杨学红　杨尊尊
参赛学校：六盘水师范学院美术与设计学院

呼吸的“失落空间”

——以模块化理念和绿色技术为主导的校园空间设计

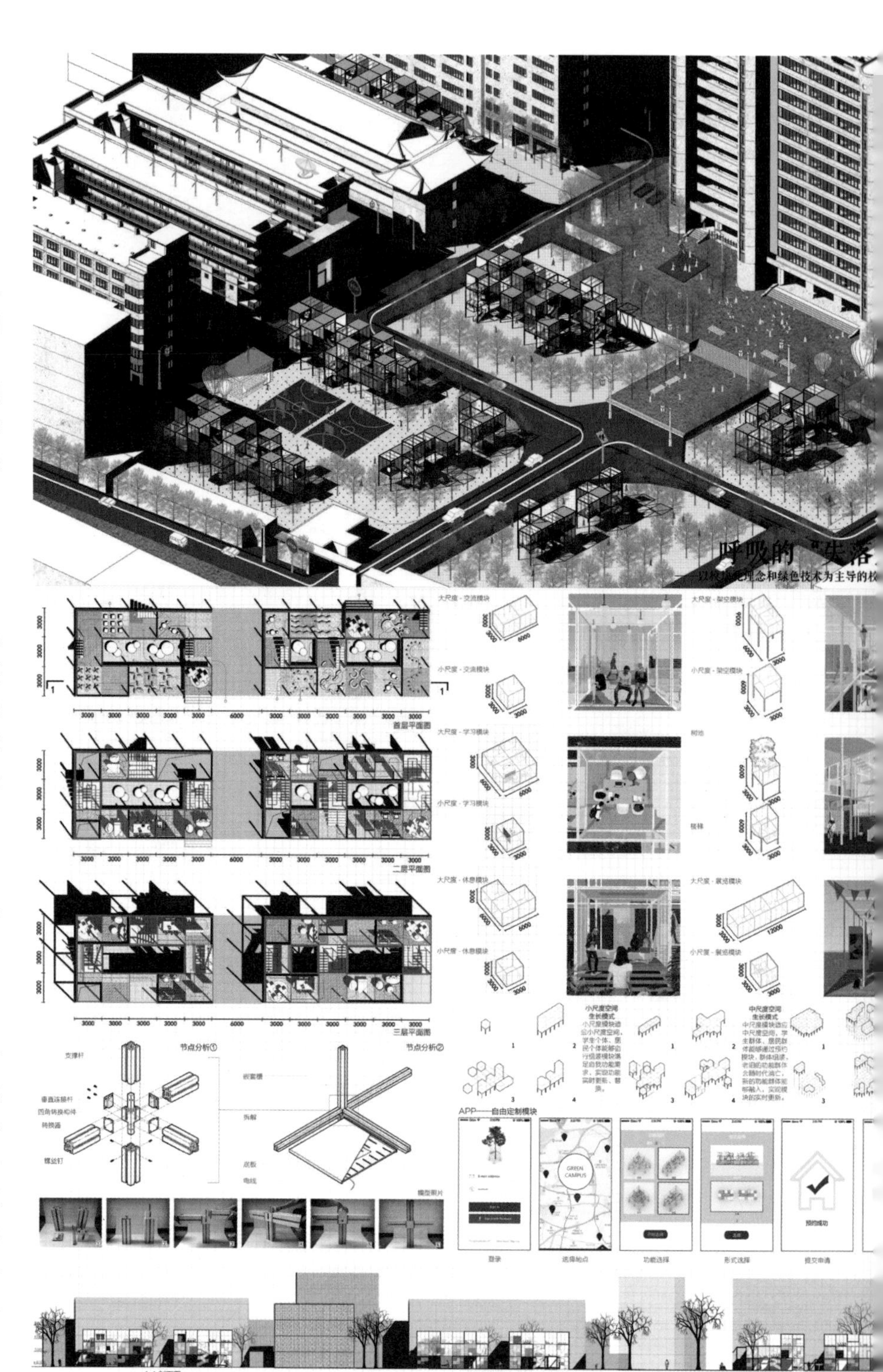

目前许多大学校园的平面布置往往是几十年甚至几个世纪历史沿革的产物，它们面临着建筑之间距离越来越遥远的问题。同时，并不是所有校园的土地都能够被合理地规划、利用，在楼与楼之间，在不同的形式种类作用的建筑群中间会不可避免地产生一些空间上的浪费。

这种现象形成的空间在《寻找失落空间》一书中则被罗杰·特兰西克加入了感情色彩，称之为“失落空间”。“失落空间”指的是未被充分利用且衰废的空间，这些空间需要重新设计传统的城市空间，这些空间对环境和使用者而言毫无益处，它们没有可以界定的边界，而且未以连贯的方式去连接各个景观要素。

文化的基础是城市，大学校园应体现出集中的都市性，应具有一个复合功能空间结构，特别是旧城中规划的校园，作为社区中的一部分，应当承载社交等一定的功能。

该方案通过关注校园中未被关注的荒废场所，利用模块化、灵活和可再利用的方式去解决校园中空间利用的问题。在较为紧凑的城市校园中，模块可以承载丰富的功能并且有着多种组合的可能性，能体现现代建筑设计的简洁性和功能性。同时，搭建的形式能很好地适应各种大小的场地，尽可能减小对校园环境的影响，并且我们提供一种学生可以自己参与搭建的方式，改造校园空间，从而达到自发参与，激活校园活力的目的。

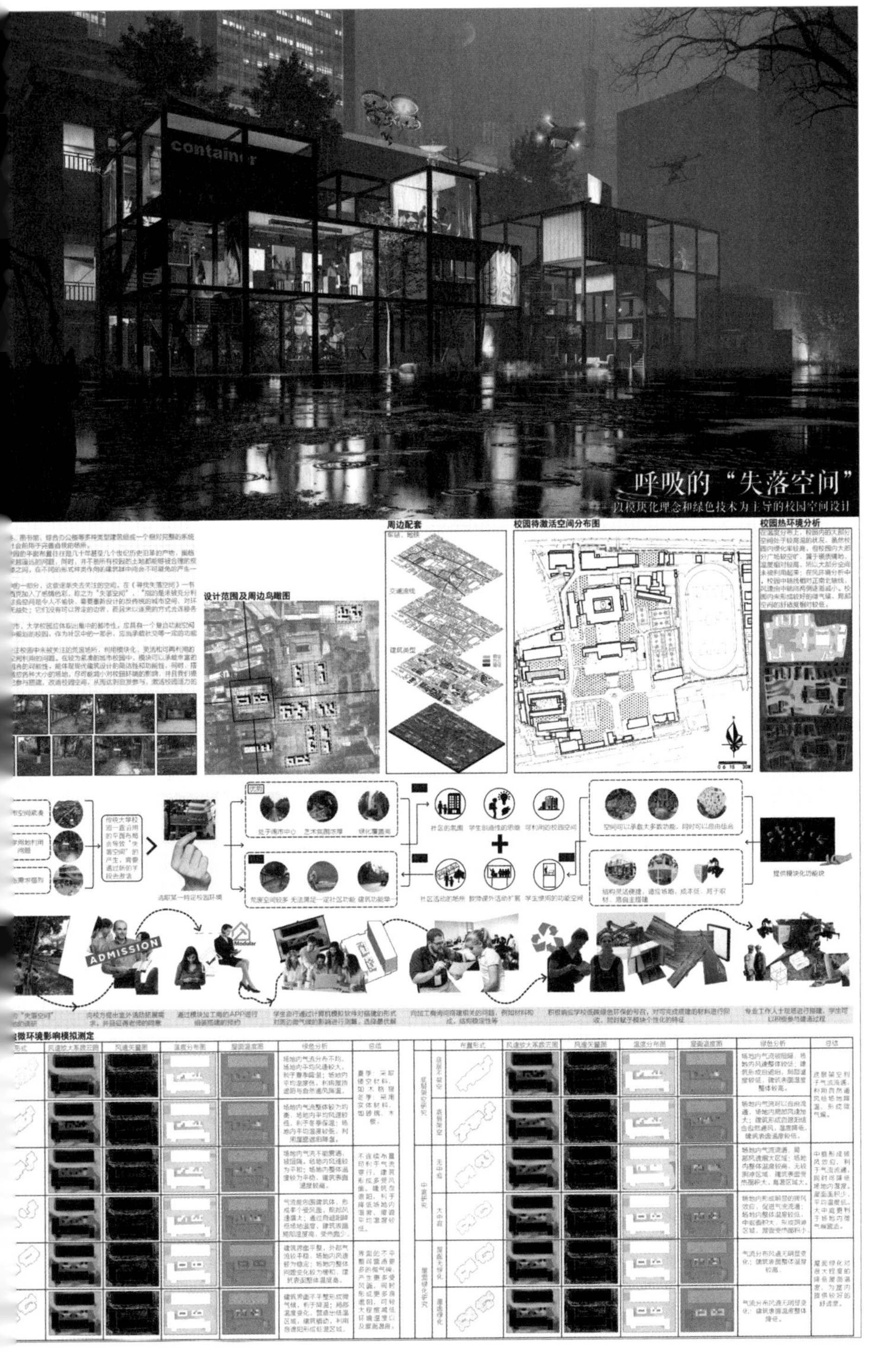

扫码点击“立即阅读”，
浏览线上图片

佳作奖获奖作品
Honorable Mention Award

作者姓名：纪艺琦　刘斌　杨君亮　钟璐瑶
专业年级：建筑学三年级　建筑学五年级
　　　　　风景园林三年级
指导教师：刘旭红　王亚
参赛学校：广东工业大学建筑与城市规划学院

4.0 专家评语

ARCH-CITY
——大学校园建筑系馆综合楼设计——

综合技术运用合理，绿色效果较好，建筑空间组织有新意，设计表达清晰。

——吴志强

模·方+
——湿热气候环境下的高密度校园空间激活设计

本案从应对时下大学校园物流压力问题入手，以高效、环保、低成本快递站为依托，巧妙植入复合功能，激发校园空间活力。分析到位、方案成熟。

——杨锐

以汝之名 In Thy name 重塑生境 Remaking the habitat

该作品基于系统的生态环境理念，结合校园的自然环境资源，提出了系统化的水体生境构想，不仅展现了校园所具有的生态贡献潜力，同时也为师生创造出与自然和谐相处的活力场所。体现出作者对绿色生态环境的关爱之心，较为扎实的生态学知识和灵活的设计创意能力。

——韩冬青

"IO" Eco-System
——校园互动装置探索

切合本次大赛主旨，针对性地思考了如何运用绿色建筑相关技术改善校园生态等问题。新型环保材料的提出让人眼前一亮，造价可控，可实施度较高。虽然一个简单的小装置，能改善的热岛效应非常有限，但在校园内作为景观，确实可以起到示范作用，装置方式也趣味性十足，寓教于乐，给学生启发。图面表达细节稍显不足，但分析深入、设计创新、亮点颇多、思考深入、值得鼓励。

——石铁矛

该组学生基本功较好，考虑问题全面深入，表现细节和冲击力很强，工作量大，图纸深度明显优于本次大赛的其他竞争者，在对比中轻松脱颖而出。分析问题的逻辑方法清晰，按步推导体现出来较强的思维素养。图纸表达没有明显短板，各方面均衡全面。在设计创新上，探索了以麦田作为出发点，从绿化角度调整建筑设计方案，让人觉得耳目一新，眼前一亮。最值得鼓励的是，在提出创新后，切实的应用于方案创作中，整个设计思考路线的逻辑闭环完整，概念与应用联系较紧密。

——石铁矛

庭院深深深几许

——传统建筑绿色智慧转译与再生长

该作品基于对老校园空间品质和环境性能所面临的问题，借鉴传统建筑的绿色智慧，提出两个简便易行且富有建设性的改造计划：其一，针对既有校园活动场所的调研分析，对楼宇庭院空间提出了通过装配式细胞单元的灵活适应性创造微小活力空间的构想；其二，利用冷巷原理对既有教学建筑提出改进通风的优化设计策略。展现了设计者对绿色校园科学内涵的把握和富有创造性的绿色创意才华。

——韩冬青

把传统庭院空间类型与绿色理念相结合，在校园中营造了宜人和富于活力的空间元素，用简单的手段为校园增添空间层次与活动内容。

——蔡永洁

织桥衔景

——基于可持续思想的专业教学楼改造设计

以“桥”作为空间策略，连接旧建筑与外部绿地空间。形式新颖，结构简洁有力。

——孔宇航

生态绿架

山青院礼堂艺术营地绿色改造策略

该作品是校园旧建筑的功能再造，选题具有现实意义，能够为校园绿色再生提供借鉴。设计新颖，使用悬挂结构和预制空间构件的方法，赋予原空间新功能的同时，营造了虚实对比的空间和多变的立面。针对夏季能耗过大、天然采光不足、自然通风差等问题，该作品进行了针对性的改造设计。

——王崇杰

绿色策略下的校园办公楼方案设计

—— 热力“供”生

从原建筑结构、功能的适用性出发，通过深入的使用者行为调查研究， 探索以改造更新的方式延长建筑使用年限的设计方法。并结合地域气候特征，合理地运用被动式设计手法，提升建筑节能、节水性能。分析方法恰当， 设计策略可行。

——刘加平

CHAMELEON

——基于校园适应性装置研究

在校园中置入一种灵活多用的易组装装置，组成多变空间，可组合成廊、围合成院，或独立小空间，并借此媒介通过太阳能利用实现能源自给和能源提供处，使用可升降装置变换空间使用模式，并考虑到传统校园中的敏感性，将装置的外观、色彩、形式赋予多变的可能，取得了与原有校园氛围的融合与协调。

——刘少瑜

该作品的整体性比较突出，建筑造型富有原创性。疏密有致的窗洞结合弧形的建筑表皮，对风和光的控制和利用较为成熟。在完成造型及功能的同时，亦注重绿色建筑策略。并且，其应用手段对建筑功能的影响较小。

——孟建民

TRAVELLING UNDER THE MUSHROOM
——用净水系统唤醒老校区绿色低碳新生活

该作品设计思路清晰，图纸表达工整严谨，设计内容富有趣味性，形式感较强。在建筑形式与绿色建筑策略结合方面也完成得比较好，是一个较有特点的方案。同时，亦兼顾了方案的原创性和落地实施性。

——孟建民

“窑”望
——乡村老校园绿色改造更新设计

乡村人口的流失，农村的撤点并校，导致大量农村小学校舍被荒废。随着乡村振兴计划的发展，返乡务工人员的技能提升再教育又面临校舍缺失的难题，鉴于此，该竞赛作品从这一矛盾点给出了可持续性的解决措施，利用新结构、新功能、新技术、新空间对遗弃校舍进行了改造再利用，同时在更新设计中注重对地方建筑特色的传承与演化，从而创造了舒适宜人的公共交流与教学活动空间，实现了被遗弃校舍的再利用。

——王崇杰

“流动”的美术学院

该作品以“流动”为主题，在某美术学院的改造设计中，一方面取消教室间的分隔，以自由分割空间形成空间的流动，同时，综合应用主动式与被动式节能技术，组织风、光、水、热的流动，打造宜人的建筑室内环境；建筑与空间的形式随概念而生， 优美灵动。概念明晰、主题明确、构思巧妙、图纸优美。

——吉国华

The Filters

方案以微介入的方式对校园空间进行了活化处理。“滤镜”装置巧妙地改善了被遗忘的角落，提升了场所的人文精神。在不改变原有场地肌理的情况下，用一种环保且经济又不乏诗意的装置构建出一个山地景观。

——孔宇航

“廊”之天天
——沈阳建筑大学长廊空间改造

抓住了校园中特点鲜明但又问题显著的长廊空间元素，通过建筑设计的策略，赋予长廊新的内容与品质，为校园空间注入新的活力。

——蔡永洁

基于4M理念的绿色校园智能化慢行系统优化

——以同济大学嘉定校区为例

以“绿色交通”为核心思想，从安全、节能、健康、活力四个方面，通过详实系统的现场调查，提取校因基地道路交通面临的人车混行、单车乱停、健身交通不畅等问题，分析方法得当，结论可行。运用智能化手段，重塑校园慢行系统，优化方式具有创新价值。

——刘加平

作品从实际调研出发得到在校师生的实际需求，提取主要问题，提出无车核心区域、健身步道网络、绿色交通网络、活力弹性场所四个方面的提升策略。结合学生日常在校园中学习和生活的场景，展现了所提策略下的智能交通体系和重要节点设计。提高了大学校园的运营效率及生活体验感知。从提出问题到解决问题，思路清晰、逻辑性强、方案切实可行。

——孙澄

LANDFORM：REUSE

该作品以景观改造提升校园空间品质，通过场地调研和环境模拟确定改造目标，以地形重塑为策略，通过地面的微起伏处理，结合水景、植被、灯光、装置，打造了现代感十足且宜人的校园室外环境。概念简明、设计细腻、技术适宜、图纸漂亮。

——吉国华

绿能+

——基于能量交互活化的未来校园日常生活塑造

本案思路清晰，抓住校园各方面问题与需求中的主要矛盾，以“绿能”交互系统视角探讨提升老校园环境承载力，复苏生活、学习、科研生产的活力再生策略。视角新颖、方案系统完善。

——杨锐

缝隙衍生

——基于触媒理念的校园夹缝空间重组

作品从学生视角出发，有感于校园环境的快速生长变迭，提出一种植入临时装置“共享盒”的形式来组织新的功能空间，并可通过架空、穿插、拼叠、错动等手法实现场所感，使共享盒成为校园原有建筑和功能的纽带。在保留原有建筑和风格的基础上，通过临时共享盒实现新功能、新氛围，并可体现校园空间的可持续性和可延续性。方案大胆有创意，虽然现实性和逻辑性有待探讨，但不失为一种可发展的思路。

——孙澄

双流织序 游园知绿

——开放科普校园改造设计

综合运用绿色技术手段对校园进行改造，从开放 / 封闭校园角度切入，组织生态、行为两条信息流，表达新旧校园空间的结合。

——吴志强

5.0

后记（鸣谢）

自 2019 年 5 月中国绿色建筑与节能专业委员会绿色校园学组年度会议审议并通过第二届全国大学生绿色校园概念设计大赛题目与要求以来，已经历了两轮寒暑交替。从 2019 年底突发疫情到 2021 年暑假祖国大地上德尔塔毒株的成功遏制，每一个处在这个时代的人们都在以一种新的思考、新的方式对待我们的生活、工作、环境。

在过去的八百多天里，在绿色校园学组带领下，竞赛工作组及时转变工作方式，保证质量完成了竞赛统计、作品登记、线上评比、颁奖总结及赛后的发布、作品集定稿等工作。在竞赛组为保障评价科学性的诸多尝试中，很多行业也适应了临时性的线上、线下相结合，虚拟、实际相结合的工作模式。

此次大赛较上一届，从参赛规模上讲，参赛作品数量增长近 5 倍；从参赛结构上讲，研究生参赛比重增加；从参赛质量上讲，作品形式更为丰富、思考更为深入。作品中所涌现的在校园命题下，在绿色范畴中，对环境的思考、对人的思考、对人与环境的思考，为我们提供了广泛而具有深意的启发。特别是在当全球面临严峻的疫情考验时，人们更加理性地思考技术与环境关系的改进、完善、发展，这是我们身处的这个时代的课题。这本大赛获奖作品集就是在这样的背景下，经三月部署、三月排版、五次集中删改而出版。其中不足之处，希望读者朋友们批评并反馈给我们，鞭策进步。

值此文末，感谢绿色学组在工作中的指导与帮助，感谢北京绿建软件有限公司和上海谷之木材料有限公司的赞助与对社会的反哺，感谢竞赛工作组的每一位师生的努力与坚持，感谢中国建筑工业出版社给予本作品集的兢兢业业的审校和技术帮助。

“绿色校园”在行进！

《第二届全国大学生绿色校园概念设计大赛获奖作品集》编辑组
苏州大学金螳螂建筑学院
2021 年 9 月 1 日

图书在版编目（CIP）数据

第二届全国大学生绿色校园概念设计大赛获奖作品集 = THE 2ND NATIONAL COLLEGE STUDENT GREEN CAMPUS DESIGN COMPETITION / 费莹，赵秀玲主编．-- 北京：中国建筑工业出版社，2022.3
ISBN 978-7-112-27201-3

Ⅰ．①第… Ⅱ．①费… ②赵… Ⅲ．①节能－建筑设计－作品集－中国－现代 Ⅳ．①TU201.5

中国版本图书馆 CIP 数据核字 (2022) 第 054789 号

责任编辑：滕云飞　徐　纺
责任校对：王　烨

第二届全国大学生绿色校园概念设计大赛获奖作品集
THE 2ND NATIONAL COLLEGE STUDENT GREEN CAMPUS DESIGN COMPETITION

费　莹　赵秀玲　主编
王睿瑶　唐晓雪　邵圣涵　邓明红　参编

*

中国建筑工业出版社出版、发行（北京海淀三里河路 9 号）
各地新华书店、建筑书店经销
临西县阅读时光印刷有限公司印刷

*

开本：880 毫米 ×1230 毫米　1/16　印张：10¾　字数：235 千字
2022 年 6 月第一版　2022 年 6 月第一次印刷
定价：**120.00** 元
ISBN 978-7-112-27201-3
（38769）